はじめての
オシャレブックじゃ…

CONTINUE SPECIAL INDEX

057
ゲームセンターCX 15th感謝祭 有野の生挑戦 リベンジ七番勝負

049
GCCX BOOTLEG

088
初回限定DVD「THE VERY BEST OF GCCXch.」

068
ゲームセンターCX300 300回記念300分生放送SP

30?

300!!!

CONTENTS

COVER CREDIT
表紙：有野晋哉（よゐこ）
写真：松崎浩之

贈
祝放送300回
株式会社スタイルジャム
株式会社ハピネット
与利
ゲームセンター CX
祝放送300回
有野課長
賛江

GAMECENTER CX
SHINYA ARINO
SPECIAL LONG INTERVIEW

有野晋哉（よゐこ）
スペシャル
ロングインタビュー

足掛け約17年、ついに放送300回を突破した『ゲームセンターCX』。幕張メッセでのリベンジ七番勝負、GCCXシンフォニー、そしてロシア遠征——ここ2年ほどの死闘や大舞台を、300分生放送でまさかの大金星を飾ったばかりの有野課長にインタビュー!!

文＝多根清史　写真＝松崎浩之

幕張メッセは技術会社のチャレンジ

──『ゲームセンターＣＸ』、放送３００回突破おめでとうございます！

有野 ありがとうございます。ついに３００回ということで。３００回と15周年って近いんじゃないの？

──まだ2年しか経ってないですよね（笑）。

有野 あははは（笑）。もう聞くことないでしょ？

──いやいや、幕張メッセでの「有野の生挑戦リベンジ七番勝負」（２０１８年10月28日）もあったじゃないですか！ あれは大きなチャレンジでしたね。

有野 そうですね。あれはホンマにどっちかっていうと、技術会社側の挑戦やったかな。課長がやってるゲームを同じスピードでモニターに映さなアカンっていう。タイムラグなくやってたスゴさやと思うんですけどね。事前にラグはあるって聞いてて。

──課長が見ているモニターと会場の巨大モニターでは、表示が2秒ズレたそうですね。

有野 「やられたら2秒遅れて『わ～！』って言うてください」みたいな、すげえ課題が出てたんですよ。「それは無理ちがうかな～?」って（笑）。制作と演者がお願いしますよって言い合ってたら、技術が頑張ってくれて、間に合いましたね。技術のおかげです。

石田P 実は、裏でいろいろ技術的な事件が起こってたんです。テレビの収録で、あんな規模のお客さんを会場に入れたことがないから、（スタッフ連絡用の）インカムの無線が飛ばなくなっちゃって。リハーサルは問題なかったんですが、本番ではお客さんの使うスマホやゲーム機の電波と混線しちゃったようで。

有野 え⁉ 周波数が全然違うもんじゃないの？

石田P そのはずなんですけどね。当日裏では「インカムまだっすか⁉」って、みんな殺伐としてたんですよね。

有野 もうみんなインカムやめてＬＩＮＥでやり取りすればエエのに。

──技術的な課題のほか、「剣を抜け！」の出し物とか仕込みもいっぱいありましたよね。

有野 仕込みありましたね（笑）。前日のリハーサルのとき、課長が自転車で登場という話になって。で、ちょっと漕いだところで菅さんが「コマ付けましょう」って言って補助輪付けて。「なしでいけますよ」って言ったけど、いらんなーって思ってた。

──しかもゴテゴテのデコレーションしてるから、バランス悪いですよね。

有野 あれ1回しか使えへんやつやねん。レンタルなの？

石田P いえ、あれは美術さんにこのイベントのためだけに作ってもらいました。なので3回くらい「どーすか？」って聞かれて「最高です！」って答えて。

有野 ホメなあかんやつ！（笑）。リハでは「ゆーっくり行ってください」って言われて。「このコースで」って言うけど、線は引いてくれてない。本番、僕の前にカメラマンが徒歩でいて助かったー。抜いたらコースわからんし、ゆっくり進まないとアカン。補助輪あって助かった。で、本番で「ここ、写真撮ってほしいなあ、ＣＯＮＴＩＮＵＥ」ってところでビタって止まって敬礼したところが、今回の本の宣伝に使われてました（笑）。

──ありがとうございます（笑）。挑戦に入るまでが大変だったんですね。

有野 課長が挑戦してるテーブルの下にも機材がいっぱいあって。「ここ、毎回温いなあ」って。武道館でも温かったんですよ。ちょっと広くなったから涼しくなるかなって思ったけど、やっぱり機材が多いから机下は暑い。でね、課長のところはステージと隙間があって、独立した島になってるんですよ。「なんで地続きにしないんですか？」って話したら、ステージで踊ったり歌ったりすると、ゲーム機が揺れてバグるかもしれないっていう（笑）。なるほど、おかんが掃除機でガンってやるやつや！って。

──それは客席から見えない工夫ですね。

有野 課長の島の近くに、でっかい三角の穴があるんですよ。「落ちないでください」と言われて、なんでこれステージに合わせて切られへんかったんやろって（笑）。次回あったらアコースティックライブみたいに、ちっちゃい課長のステージ作るくらいでいいんじゃないかな。でも、お客さんはＡＤの子らが歌って踊るのも見たいのかな。

──ステージに登場したＡＤさんを見て、客席は

盛り上がってましたね。

有野　半分以上は会社を辞めた人やのにね（笑）。

ポピンスキー、簡易ゲージ、ボンボンお兄さん いま振り返る 幕張メッセの激闘

―本編の七番勝負もすごい内容でしたね。

有野　アンコールで（『パンチアウト!!』対戦相手の）ポピンスキーをもう1回やるっていう。

―ポピンスキー、別にラスボスじゃないと思うんですけどね（笑）。

有野　違うの？　ゲームする人は知ってるのか（笑）。でも、ポピンスキー一番盛り上がるんですよ。なんやろなあ、その前にピストン本田がおるからやなあ。ピストンやっつけるところで、みんなが「ウォー！」って声上げるのが楽しいんですよね。士気が上がる。

―幕張メッセでボクシングやってるから、これはeスポーツだという声もありましたね（笑）。

有野　その前は武道館で「これは武道だな」って言った人もいたもんなあ。子どもが大きな声を上げてるのが面白かったな。「カチョウ、きんちょーしてください！」って。

―ほかの七番勝負は、生挑戦でやるのはキツい『セプテントリオン』を選んだのはどうかと思ったんですけど（笑）。

有野　すぐ道間違えたから？　それは運営に言ってください（笑）。あれ、終わってから課長すご

い怒られました。「あれ、なんなんすか」って。

――クリアできないのが当然で、怒られても困りますよね。

石田P　あれは『CONTINUE』の人気投票で「好きな有野の挑戦」第1位だったこともありますね（編集部註：2018年6月発売『CONTINUE SPECIAL ゲームセンターCX』の際に行ったWEBアンケートにおいて『セプテントリオン』は「あなたの好きな有野の挑戦」部門で第1位の人気を集めていた）。

有野　あーそうなんやあ。だったらもう『CONTINUE』サイドのミスですよ（笑）。

――すいません（笑）。あとは『メルヘンメイズ』の挑戦も面白かったですね。有野さんが絶好調な一方で、ラスボスの「簡易ゲージ」を置いてるADさんたちが大慌てで（編集部註：『メルヘンメイズ』のラスボスには体力を表示するゲージが存在しないため、D片山・高橋、元AD伊東・渡の4人がステージに登場、目視でダメージを確認して段ボールを積み上げるという作戦だったのだが……）。

有野　簡易ゲージ、全然あってないでって（笑）。「なんやねん！」って言いたいねんけど、ちょっと課長が覚醒し出してたから無視してました。タレント失格ですわ。

――それでよけいに、簡易ゲージ側がグダグダになるという。

有野　積み上がるまで待たなあかんねんけど、待ってられへんかったんですよね。「これ、やっつけられそう、この波逃したら時間かかるな」って思ったから。あれは申し訳なかった、せっかく出てきたのに。無視し続けた。それでも積んでたのは見てました。

――あの報われてなさが、それはそれで面白かったですけどね。

有野　でも、一番報われてないのって「ファミオネア」やね。放送に出えへんし。やりながら「これ、なんでせなアカンのやろ」「ゲームしたいな」って。でも、岐部先生が楽しそうにやってはるから。あれ、なんかのツナギでしたっけ？

――あれは当日までシークレットにしていた『ボンバーマン』の発表に、ファミオネアを使ったんですよね。

有野　そうかそうか、クイズ形式で発表やったんやな。でも、クイズ関係ないもんね。

石田P　関係ないです（笑）。ただ、昨今で力の入っていたミニコーナーで、手ごたえがあったんですよね。

有野　岐部先生、「ファミオネアは盛り上がるぞ！」って思ったのか（笑）。

――岐部さん、ミニコーナー大好きですもんね。ご自分でも出演されていて。

有野　大好きやのに緊張するっていう。あのとき、うどん茹でてればよかったのにね（笑）。

――あとは『スーパーマリオブラザーズ2』の三角降りチャレンジでの「ボンボンお兄さん」も大人気でしたね。「ボン！　ボン！」と飛び移るタイミングを教えてくれたという。

有野　あのときは、ボンボンお兄さんを見つけたカメラマンさんはすごいと身内でホメあってましたね。いや、課長もカメラマンとスイッチャーが見つけるまで何回も「なに？　なに？」って振ってんねんけど……って（笑）。モニターチラチラ見つつ。

――あの逸材に振ったのがよかったですよね。

有野　もっと大声出させようと。聞こえてるけど、「何？」って。思ってるより声出んなあ、この人って考えながら。地声で「ボン！　ボン！」って言うんですから。幕張メッセで（笑）。どのアーティストでも、そんなコールもらってないし。タレント合格ですね。

――その後、あちこちのイベントにも来られてますよね。

有野　年末のイベントにも来てて、みんなに写真撮られてましたね。出演者じゃないのに「ボンボンお兄さんだ！　写真撮ってください！　役者やられてるんですか！」みたいに人だかりになっていて。スターADはいたけど、15年目にして初のスター視聴者。

――幕張イベントを見てないとわからないボンボンお兄さんで盛り上がるファンもすごい（笑）。

有野　あとメッセといえば、打ち上げがなかったんですよ（笑）。あのあと、うちの家族だけで幕張で焼肉食べたっていう。「メッセ埋めてんけどなあ」って思いながら、個室でもないところで食べてました。

――でも10周年イベントが武道館、15周年が幕張メッセですから、20周年への期待値がすごいですね。

有野　あと3年しかないんでしょ？　恐ろしいです

よ。武道館とメッセの交互でええねんけどなあ。

――幕張メッセも達成したので、次は、さいたまスーパーアリーナもありえるわけですよね。

有野　でも、いろんな人がやってるから、スーパーアリーナはいいのかなって。いっそのこと、国立競技場でやりたいですね。国立がほしいなあ。みんなで移動バスツアーもええな、クイズやりながら（笑）。それか逆に新宿角座でリモートで。

オーケストラの人たちも ゲームが好きだった

――その次の大舞台がシンフォニー（「ゲームセンターCX Symphony presented by JAGMO」／2019年4月29日）でしたね。

有野　シンフォニー、面白かったですよね。生のオーケストラやからなあ。

――生演奏を背景に『ツインビー』をプレイしたという。

有野　で、アイテム取って、その音もタッタラータラララーって鳴らしてもらって。その音が楽しいから、演奏者困らせたくって早くほしいから、何回も青いの（スピードアップ）を取って。スピードめっちゃ上がって、結局、課長が困るっていう（笑）。

――自分でハードル上げてましたよね（笑）。

有野　そう。ステージ的には1面でクリアやからすげえ簡単なはずなんですけど。自機が早すぎて全然できひんっていう。

――実際に始める前は、けっこうプレッシャー感じてました？

有野　あれは感じましたね。ちゃんとクリアして終わらんとって思ってたのが、やってみたら、生のアイテム獲得音が格好良くって、もう一回！ もう一回！って思いながら（笑）。でも、お客さんがもう少しほしかったってところで終わりたいし。

――それも覚醒ですね（笑）。

有野　僕はゲームしかやってへん帰宅部やったから、演奏者の方に声かけるのも「うわ～」って思ってたんですよ。でも、音楽の人らにもゲームやってる人おったんやってビックリしたんですよね。ずっと楽器やって音符を追っかけたんやなく、「このゲーム知ってる」っていうのが面白かったですね。別の世界の人じゃなかった。

――NHKの『シンフォニック・ゲーマーズ4』（2019年12月31日にNHK BSプレミアムにて放送された『シンフォニック・ゲーマーズ4～愛すべきこの世界のために～』）に出演したときとは、また違いましたか？

有野　あちらは、お客さんに年配の方が多くて笑い方も上品。でも、こっちはみんながゲームを知ってくれてる。最初はもっとしっとりした感じやろなあ、半分ぐらいはJAGMOさんのお客さんだと思って「これは怖いなあ」って、客席からどんな風にみんな見はるんやろって降りて。それで「ゼルダのトライフォース（天窓）あるわ。これ言うてウケたら大丈夫かな」って思いついたんです。ここでウケたら、課長はゲームにまつわる面白いこと言う人って認知されるかなあって……。本番、ウケましたねえ（笑）。

――あのネタには、そんな探りの意図が（笑）。

有野　リトマス試験紙ウケてましたよ。これはクリアだ、と。指揮者の松元（宏康）さんもすごい楽しんではりましたね。

――あの人たちとしても、ふだんゲームの効果音を鳴らすことはないですもんね。

有野　ないですね。（クイズで間違えたとき）「カーン」って鳴らす人がすげえ早かった。（笑）。毎年やればいいのにって。ここでゲーム好きなお客さんで演奏に興味を持つ人がおったら面白いなあって。電子音も良いけどプロの演奏の素晴らしさもね。

ロシアにも GCCXファンがいた感動

――その直後、ロシアに行っておられるんですよね（2019年5月半ばに収録、放送は同年7月）。

有野　「課長は日本とロシアの架け橋だ」って言われて行ったんですよね（笑）。

――でも、ロシアに『ゲームセンターCX』のファンが多くてビックリしました。

有野　知ってる人いてはりましたねえ。「動画をロシア語に訳してやってるのは我々だ」って人がおったんですよね。その人が、いろいろ集めてくれたみたいですね。

――結果として、オペラシティのシンフォニーがロシアでの演奏会のリハーサルみたいになってましたね（笑）。

有野　ロシアのは一番怖かったですね。言葉もわからんし、ゲーム好きでもないしって。

――本番になるまで、スタッフが誰も一緒にいてくれないという。

有野　そうっすねえ。ロシア行ったら行ったで、コーディネーターと通訳の言うことがちょっと違ったりとか。「その訳だったら、こっちのほうが伝わるんじゃない?」って揉めてて、そのジャッジは僕にはわからんし。

――演奏会の次の日、サプライズとしてファンがいっぱい集まってたんですよね。

有野　ロシアってああいう行列ってものがないらしいんです。並んでるのを見て「これはなんだ?」って聞いて入ってくるのもあったみたいですね。「日本の有名なコメディアンで」「じゃあ俺も並んどこう」みたいな。何人かは「誰だ?」って思われながら写真撮られてるんですけどね。

――岐部さんとのVRも超楽しかったですね。ゴーグルをかけて台に乗ると、横にいる人が手で動かしてくれて。

有野　ああ!　遊園地のやつ!　あれ日本に入れてほしいのになあ!　でも、やってみんと面白さがわかんないですよね。あれはあの人が上手いんですよ。

――ちゃんとVRの映像とシンクロさせてる名人でしたね。

有野　あれ、イスじゃ面白くないんですよね。立ってるから不安定で面白いんですよね。人力でこんなに安く怖がれるんやって。臨場感すごかった。

300分生放送で「想定外の大成功」を起こした意地

――そして6月の放送300回記念で、300分生放送ですよね。『ナッツ&ミルク』完全クリアもすごかったんですが、時間が余ったことでバックステージが大変みたいでしたね。

有野　あれ、アクシデントです（笑）。ディレクターはじめ、みんな焦ってたみたいです。

――ゲームの挑戦として大成功なのに、スタッフにとっては放送事故だったという（笑）。

有野　担当ディレクターに藤本（達也／演出）くんが怒ってましたよ。「いろんなことを想定してなきゃダメだ」って。そう言ってる藤本くんも想定してなかったみたい。

石田P　いや、そうですよ!

――課長も途中から覚醒したじゃないですか。突然プレイが上手くなって。

有野　そう、200分でクリアしてやって。「もし早く終わったらどうするの?」「VTRで繋ぐの?」って聞いたら、運営が「無理でしょ〜」みたいな感じを出してたから「くっそー!」と思って。たぶんスタッフのなかで「課長はこれぐらいでしょ」って空気があったんですよね。その過少評価を塗りかえてやりましたよ。焦らせてやりましたよ（笑）。

――今年初めの放送でも「今年は奇跡と呼ばせない」って言ってた公約を守ったんですね（笑）。

有野　そうですね。もう奇跡じゃないですからね。やりながら、スタッフの小川（友希／広報）ちゃんがもう一個置いてあるテーブルのところでゲーム始めてたから「本番中になにをゲームやってるんだろう、あの子は」って。

――そんな場合じゃないのに。

有野　生放送終わるまで我慢できへんのかなあ、世代かなあって思いながら「クリアしてやったぜー」って。そしたら『パネルでポン』の挑戦が始まって、その戻し作業を小川ちゃんがやってたっていう。「え?　あの子、戻し作業できんの?」って。

――占いだけじゃないんだ、と（笑）。

有野　結果的に2本立てになったんですよね。んで、『パネポン』の印象が強い。

――あのとき面白かったのが、岐部さんの慌てっぷりですよね。Twitterの実況を担当しながらも、課長がクリアする気配を察して、バックステージで打ち合わせをしていて。そんななかで課長に呼ばれると急いで出て行って、すごいテンパっていて（笑）。

有野　「ちょっと岐部さん、来てもらっていいすか?」って、おらんのをチラッとみんなで確認してましたね。

――あれ、わざとやってるのかなって思ってましたけど（笑）。

有野　あれはもう、菅さんと課長のわざとです（笑）。もしかしたら岐部くんも途中でそうだろうなあって思って、外に出てたと思うんですよね。で、スタッフも照明落としてたりとかするんです

SHINYA ARINO

有野晋哉

1972年2月25日生まれ。大阪府出身。中学時代からの友人である濱口優と1990年、お笑いコンビ「よゐこ」を結成。コンビとしての活動のみならず有野課長として『ゲームセンターCX』（CSフジテレビONE）にレギュラー出演するなど、幅広く活躍中。

よね。でも、カメラは構えてる。面白い昭和のテレビです。

――合わせてきているな、と。

有野　どんどん昭和の演出が入ってくる。でも『パネルでポン』は最後まで行けへんかったなあ。ラスボスやっつけたかったけど。あれ強かったな。

――岐部さんが指示を出したり、小川さんが課長を叱ってるのが面白かったですね（笑）。

有野　そう、名言どんどん出てくるっていう。「安くてもいいー！」って。「安くてもいい」ってなんやろなあ。点数のこと？

――マスが3つしか消せないことですね。

有野　そうか、一番出目の低いやつだ。5マスいったら「おおー！」って言われるっていう。その5マスがみんな想定してないところで消した5マスやったら、さらに「おおー！」になるっていう。過少評価ばっかりでしたよ。

――あのときの「安くてもいいー！」の一体感はすごかったですよね。

有野　あれが少人数のよさなんでしょうね。メッセみたいな大きいところでやったら、ガチャガチャになっちゃうんでしょうね。もしかしたら岐部先生が横におってやるのか。でも、あれぐらいの規模が面白かったです。小川ちゃん指示役、岐部先生は安さ言う役。

――そもそも3月に放送した「ゲームセンターCX mini」のリベンジでもあるんですよね、『パネルでポン』って。

有野　「mini」で面白かったから「ほしいなあ、家でやりたいなあ」と思って。「どこかで挑戦やる？」って聞いたら「やらないです。買っていいですよ」って言われたから、買ってやってたんですよね。

石田P　やってたんですか!?

有野　やってたよ。やってたけど、ちょっと間が空いたらもう感覚忘れるから、全然できひんかったんです（笑）。本当はみんなが思ってるより久々じゃなかったんです。前夜にやってたらよかった。結果、過少評価されんねん。おかしなサイクルですよ、これ。

――『ナッツ＆ミルク』が超上手かったから落差が激しかったですよね。

有野　課長、覚醒していましたからね。あれはカッコよかったな。300分終わる前に終わらしたれって思って、運営に喧嘩売ってたんですよね。燃えてた。そしたらパネポンってデカい用心棒出してきたんですよ（笑）。

――その反動が『パネポン』に（笑）。

有野　「やっぱり燃えるもんじゃないな」って思いながら『パネポン』やってました（笑）。これ持ってるのに～って。でも、3-5まではいってなかったな。

100回くくり、5年くくり、年齢くくり

――そんな感じで300回を迎えまして、次は20周年ですかね？

有野　一番近いの、僕の40代最後ってところだと思うんですよね。30代最後もなんかやったよね？（2012年放送『ゲームセンターCX 生放送スペシャル 有野課長30代最後の生挑戦！』）。そう考えたら、イベント結構あんねんなって。100回くくりと5年くくりと年齢くくり。その度に『CONTINUE』来てくれるんかなあって。

――絶対行きますよ！

有野　じゃあ、また49歳のときに来てください（笑）。あとは、やっぱり「花やしき」を早くやりたいですね。なくなったから（編集部註：2020年8月22日開催予定だった「ゲームセンターCX夏祭りin 浅草花やしき2020」は残念ながら中止となった）。花やしきの劇場が大きくなったって聞いてたから、また、みんなで楽しくやりたいなって。

――『おぼろ侍』もまた見たいですね。親戚の学芸会のような味があって（笑）。

有野　言いすぎやろ。プロのテレビマンが作ってんねんぞ（笑）。

――でもADさんとか本職の俳優じゃないですし、兼業ですから。

有野　兼業やね（笑）。「また花やしきをやります」ってなったら、スタッフも「もう1回グッズ作るぞー！」ってなって、面白そうな気がするんですけどね。バタバタして。

――その手作り感がいいんですよね、『ゲームセンターCX』は。

有野　スタンプラリーできたらいいなあ。新型コロナが収束して、みんなで、また、集まっていろんなことができればなあって思いますね。元気に待っててほしいです。

アメリカ編

ハリウッド近郊の大きなストリートに面した路上のベンチにて

「ハードな商談を終えたビジネスマンのバスを待つひととき」をイメージ。この撮影の後、急停車したトラックから「俺はあんたを知ってる〜！」と握手を求めてきたアメリカ親父。皆びっくりしたと同時に、課長のワールドワイドな存在感に誇らしさを感じた出来事だった。

ロサンゼルス郊外の荒野の一本道にて

「全米を徒歩で営業するビジネスマン」をイメージ。思い切った長玉とローアングルで陽炎を取り込む。この撮影の後、唐突に菅Pが荒野を全員で競争しようと言い出し、炎天下の荒野で、およそ直線400メートル徒競走をやらされる羽目に陥る。様子はどこかのDVDに収録されていると思うので確認してほしい。このカットはのちに「課長ファイター」のPVでも挿入されている。

使用カメラ＝sony Z-7J
ピクチャプロファイルを変更、シネマライクなガンマにて撮影。

世界一課長を撮ってきた男、阿部浩一の 有野課長 Stylish CUTS

番組始まって以来、
有野課長を撮り続けてきたカメラマン阿部さん。
そんな阿部さんによるイケメンすぎる
有野課長の姿をここに!!　写真・コメント＝阿部浩一

Stylish CUTSとは先輩巨匠カメラマンのありがたい口癖から頂戴しました。

カンボジア編

シェムリアップ・オールドマーケットにて

「懐かしい風景に出会い、ふと郷愁にかられるビジネスマン」をイメージ。この後プノンペンへ陸路8時間（先発隊である私は往復したため計16時間）を有意義に過ごすため、闇市場で激安海賊版DVD『エクスペンダブルス2』などを大量に購入。しかし課長を含む我々のハイエースは再生デッキなし……。真っ暗な道を無言なまま、時折見かける野良犬が視界に入ったが、ただ無言……。

フランス編

パリ市街・マルシェ「市民市場」の側のカフェにて

「道ゆく恋人たちを眺め、ふと自分の人生を振り返るビジネスマン」のイメージ。単焦点のレンズで前後を柔らかくボカす効果でパリの空気感の表現をねらった。このカフェにて黒カーヴィ渡邊が口一杯にパンを詰め込んで食べていた。課長だけはその光景を優しい眼差しで包んでいた。パリの風が頬を撫でた……。私たちは足早に次の現場に向かった。

ベトナム編

ハノイ旧市街の市場前にて

「暖かき人情に触れ母を想うビジネスマン」のイメージ。この後、唐突に菅Pが「映画『アマルフィ』（主演・織田裕二）っぽいの撮ろうよ！」と言い出し、無許可でごった返す市場の真只中を、課長に全力で走らす。その映像はお蔵入りしているのであろう……その後、目にした記憶がない。

シェムリアップ郊外・沼に浮かぶ釣り堀にて

「涼やかな風にふと微睡を覚えるビジネスマン」のイメージ。この釣り堀はドブ沼の上に建てられており、釣れた魚を調理してくれるという。釣れた魚は、家庭の汚物が放流されたドブで育った小ブナ。調理シーンを撮らせてもらおうと台所にお邪魔する。寝たきりの老婆がこちらを見つめる中、内臓ごと素揚げにされた小ブナは……美味しく井上Dが召し上がった。ニヤニヤが止まらない課長の画である。

使用カメラ＝sony NEX7R
さらに浅い被写界深度と色調調整を求めるため、今回より一眼ムービーを使用。

モンマルトルの丘へ向かう坂道にて

「足早にワインを買い出しに行くビジネスマン」のイメージ。モンマルトルの丘に向かう途中の坂道。途中というだけに車両で移動中に見つけた坂道である。このロケの現地コーディネーターがとても頭の硬い方で、常日頃から揉めた。このときも「止めて！」「無理！」「5分でいい！」「5分ジャストですよ！」モンマルトルの風が頬を撫でた……。こうして勝利を掴み取ったのである。

使用カメラ＝sony NEX7R
単焦点の交換レンズを使い分ける。色調は加工アプリにてエフェクト。

ハノイ駅～ロンビエン駅間の線路にて

「商談が不発に終わり憔悴するも、ふと童心に返るビジネスマン」のイメージ。ほとんど列車が通らないため、住民が線路で生活しているので安全である。炎上は勘弁してほしい。課長の相方の濱口氏がこの地を『アナザースカイ』（日本テレビ）で訪れていることを知り、この後やたらと「ここが私のアナザ～スカイ！」と連呼。数年後のロシアでも言っていた……。悔しさが彼を突き動かしているのであろう。

使用カメラ＝sony α-6300
単焦点の交換レンズを使い分ける。色調は加工アプリにてエフェクト。

四国編

愛媛県・道後温泉
本館前にて

「己れの心身の浄化を祈願するビジネスマン」のイメージ。この後、四国を縦断し、地元名産の「鰹のたたき」を食するために高知の市場食堂へ。ここでまた岐部氏が「鰹のたたき」を全否定。料理として許さないとまで言い出し、周りの人々は言葉を失った……。昼間のザリガニとの触れ合いが彼の心に深い傷を残したのであろう。

太平洋編

犬山市レトロゲーム博物館
倉庫にて

「取引先の倉庫で途方に暮れるビジネスマン」のイメージ。この後、名古屋港より井上Dの「ボンボヤ～ジ」の掛け声とともに仙台港に向けて出港。遥か足元に課長の相方・濱口氏が手を振って追いかけてくる。「ありの～！」「ハマグチ～行ってくるぞ～！」ふたりの声が小雨降る港中に響いた。いつしか課長の目に熱いものが浮かんでいたのを私は見た。「ここが……私の……アナザ～スカイ……」。

ロシア編

ソビエト
アーケードゲーム
博物館にて

「極寒の地でチェスで手足の暖をとるビジネスマン」のイメージ。古きソビエト時代のゲームが所狭しと並べてあり、撮影モチーフには困らなかった。軍事的要素が高いものばかりで、かつての政治背景が偲ばれる。

高松市・名店うどん店にて

「見知らぬ客と碗を傾け語らうビジネスマン」のイメージ。この日全撮影は終了し、思い切りうどんを楽しもうと3～4店舗地元のおすすめのお店を訪ねた。私自身、体のために過剰な糖質摂取は自制している。しかし自称うどん王子の岐部氏は各店舗ですべて平げた。彼の腹は膨張し顔は浮腫んでいた……さらに空港でも完食……。やはりザリガニとの触れ合いが彼の心に深い傷を残したのであろう。

使用カメラ = sony α-6300
単焦点の交換レンズを使い分ける。色調は加工アプリにてエフェクト。

太平洋フェリー「いしかり」ロビーにて

「七つの海を股にかけるキャプテンビジネスマン」のイメージ。大型船で揺れも少ないのだが、AD加賀、CA難波、AP吉岡が船酔いで寝込んでいく。人が少なくなり菅Pもケーブル巻きを手伝ってくれるほど深刻な状況。深夜に一旦挑戦終了。お風呂の後、AP吉岡より「後で小部屋に集合～!」と伝言。そこで酒盛りとマリカー大会が催された。夜はふけていく……。

使用カメラ = sony α-7R
4K収録のためフルサイズ一眼レフと単焦点の交換レンズを使い分ける。色調は加工アプリにてエフェクト。

赤の広場・クレムリン前にて

「クレムリンからの脱出を試みるビジネスマン」をイメージ。赤の広場にてオープニングなど撮影。要所要所で秘密警察に尋問され撮影が止まる。唐突に菅Pが「『ミッション：インポッシブル』(主演・トムクルーズ)っぽいの撮ろうよ!」と言い出し、秘密警察監視の中、課長に赤の広場を全力で疾走させる。帰国後、菅Pが語った「あそこ、映画と場所違ったよね!」。

使用カメラ = Panasonic DVX-200
大判センサーのため被写界深度が浅い、ガンマカーブで画調を調整。今回は120fpsが使えるので全編スローで撮影した。

GCCX SUPPORT AD INTERVIEW

TASUKU IWAHASHI

1995年7月6日生まれ。神奈川県出身。#271『ローリングサンダー』より『CX』デビュー、『スーパーマリオRPG』『MOTHER2 ギーグの逆襲』などＲＰＧ続きのシリーズで有野課長を支えた。「剣を抜け！ GCCX MAX」バックダンサーとして幕張メッセの舞台にも立っている。

17代目AD

岩橋 資

文＝多根清史

——岩橋さんとゲームの出会いは、いつ頃なんでしょうか？

岩橋　初めてやったのはプレステかなと思います。小学校にあがったころゲームキューブや、ゲームボーイアドバンスが全盛期だったかなと。兄がふたりいて、すでに家にゲーム機があって。

——ファーストコンタクトのゲームソフトは？

岩橋　『ファイナルファンタジー』とか。すごく記憶に残ってるのは『デジモンワールド』なんですけど、いままで共感してもらえる人に会ったことがないですね（笑）。

——まさに『デジモン』直撃世代ですよね。ゲームもいい出来だったと思います。

岩橋　僕ひねくれてるので、『ポケモン』も『ルビー』や『サファイア』の時期にやってたんですけど、ガッツリはハマらなくて。それこそ周りの友達と話も合わないんです。

——そんな岩橋さんがガスコインさんに入ったきっかけは？

岩橋　もともと『CX』はすごく好きだったし、関われたらいいなと思っていて。それで、実際に関わることができました。

——サポートADをやりたかったんですか？

岩橋　そこまでは考えてなかったです。どちらかというと嫌だなと思いつつ（笑）。

——ファンから『CX』の中の人になって、印象は変わりましたか？

岩橋　違うことしかなかったですね。ゲームのロケハンもありますし、番組を観ている分には1時間に編集されていて長さや辛さは伝わらないんですけど、実際現場にいると「全然進まないんだな」みたいな時間もありますし。

——レトロゲームって、普通は最後までクリアしないですよね。

岩橋　さすがにゲロ吐きそう……とか言っちゃいけないですね（笑）。やり慣れてない世代のゲームだったので、難易度高いなと。ファミコンゲームは初めてでしたし。

——初めてのファミコンゲームはどう思われました？

岩橋　まず、理不尽だなと（笑）。僕の中でゲームオーバーになったらコンティニューできるのは大前提だったので、コンティニューができなくなるのはふざけんじゃないよと。

——『CX』が始まるまでは、そもそも「ゲームの戻し」という概念がなかったですよね。

岩橋　ないですね。戻しがあんなシンドいものだとは、やらないとわからないですよ。

——岩橋さんが関わったゲームはキツいのばかりですよね。最初から『ローリングサンダー』（＃271）ですし。

岩橋　あれは松井さんが初めてディレクターを担当されて、僕も初めてサポートした回なんですけど、ふたりとも迷走してたんでしょうね（笑）。

——最初に2周でクリアのゲームを持って来るのはチャレンジしすぎですね。

岩橋　あー思い出した！　真のエンディング出すときに邪魔が入った記憶があるんですよ。2周目のラスボスを倒したとき、一緒に観ててくれた先輩ADさんが「やったー！」って言ってくれたんですけど、2Pコントローラーのマイクを切ってなくて、その声が入っちゃったんですよ（苦笑）。それでやり直しになって。

——それはキツいですね（苦笑）。岩橋さんは『スーパーマリオRPG』（＃273〜275）と『MOTHER2 ギーグの逆襲』（＃284〜286）という長丁場をふたつもやってますね。

岩橋　それもキツかったですね。RPGなのでセーブ機能こそありますけど、ロケハン中もセーブし忘れたら戻すのがメチャメチャしんどかったですね。

——課長はボスを倒した後にセーブを忘れてましたよね。

岩橋　RPGは単純に時間かかりますし。どちらのゲームも3日間くらいやっているので、長かったですね。

——有野さんもタレントなのに長丁場をやっていて大変ですね（笑）。

岩橋　確かに隣で見ていて申し訳ないと思いました。『MOTHER2』の応援はマジでしたよ。「頑張ってほしい！」「あの仕掛けに気付いてほしい！」って。

——あの仕掛けは他人が教えると台なしですもんね。

岩橋　気付いてくれたときは、ちょっと泣きそうになりました。単純に嬉しさと「やっと終わる！」というのもあって。

——『MOTHER2』は糸井重里さんが来られたのも面白かったですね。

岩橋　メチャメチャ貴重でしたね。そんな方が来ていただける『CX』はすごいんだなって改めて感じました。

——一番苦労したゲームはどれですか？

岩橋　難易度的には『パックランド』（＃277）です。裏面をクリアしてくださいっていうことだったんですけど、ゆうに3日はかかった気がします。本編の和やかな感じとは裏腹なヤバさは、（自分の出した）エンディングだけでいいのでもう1回観ていただきたいです。

——岩橋さんと有野さんの絡みも面白かったですよね。

岩橋　でも、前任の加賀さんが長くて人気もすごかったので、本音としてはやりづらくてしょうがなかったですよ。

——確かに課長、「俺の加賀はどこや？」って言ってましたしね（笑）。

岩橋　だから加賀さんのようになれない、自分なりにできることをやろうと割り切りました。

——でも『新・熱血硬派くにおたちの挽歌』（＃278）での不良のコスプレはハマってましたよ。

岩橋　あれも急きょ決まったやつで、学生服も誰かのおさがりだった気がします。『くにおたち』が僕のマックスでしたね。

——有野さんと心通った瞬間はなかったですか？

岩橋　いや……あります！　『超人狼戦記WARWOLF』（＃288）で、僕が隣に行ってクリアして、ちゃんとハイタッチできたのは嬉しかったです。

——では最後に、そんな有野課長にメッセージをお願いします。

岩橋　300回お疲れ様です。僕は15回くらいしかサポートを担当してませんけど、メチャメチャしんどさを感じる場面がいくつもあって。これを300回もよくやってこられたなと思うと……誤解を恐れず言うなら、頭おかしいと思います（笑）。

——17年間もテレビでレトロゲームをやり続けられる人は他にいないですよね（笑）。

岩橋　短い間でしたけど近くで見させていただいて、これは有野さんにしかできないことなんだと思いました。本当にすごい、尊敬しています！

GCCX SUPPORT AD INTERVIEW

KYOSUKE KOBAYASHI

1996年4月13日生まれ。長野県出身。若手最強の異名を持つ18代目AD。鮮やかなプレイと攻略イラストで有野課長の窮地を救う。300回記念生放送では『ナッツ&ミルク』のジャンプタイミングを「トン・パッ・トォーン」という独自の擬音で表現するなど、やや天然な側面も?

18代目AD

小林恭介

文＝多根清史

――小林さんはゲームが上手いと思うんですけど、昔からやられていたんですか?

小林　『ポケモン』から始まって、RPGばかりやってたんです。アクション系は『スマブラ』しかやってなくって、横スクロールアクションはこの番組での仕事からです。

――一番最初に遊んだゲーム機は何ですか?

小林　ゲームボーイアドバンスですね。それからDSとWiiで、いまはSwitchしか持ってなくて。

――順調に任天堂に育てられてますね(笑)。そんな小林さんがガスコインに入社されたきっかけは?

小林　テレビ制作の仕事が楽しそうだなと思って、どんな番組でもいいかなっていう気持ちですね。最初の現場が『CX』でした。

――最初からゲームのロケハンを?

小林　最初は、岩橋さんが番組を離れるとなったときに『スペースチャンネル5』(#290)と『迷宮寺院ダババ』(#291)を手伝って。その次が『ラフワールド』(#292)ですね。

――世代的に初めてのファミコンゲームですよね。難しかったですか?

小林　新しいゲームだとアドリブ力が必要ですけど、昔のゲームの攻略は「こういう手順を踏めばちゃんとできる」というのがあって、理論的にできるので楽だなと思いました。

――確かに、3Dのゲームより攻略が組み立てやすいですよね。

小林　でも、『ラフワールド』はキツかったですね。いままでだと、たぶん、あれが一番難しかったです。

――ファミコンのゲームの体験がなかったと

は思えないほど、鮮やかにやってますよね。

小林　でも、ロケハンした後に高橋ディレクターのプレイを見ると、一歩二歩先の上手さですね。こんなに苦労したんだけどなって。

――『ラフワールド』が有野さんとの最初の絡みでしたけど、どうでした？

小林　「元気良く」とだけ言われて、それで出て行きました。ミカンさんたちと一緒に、バンド形式で出られたのが良かったですね。

――小林さん、課長に的確だけど容赦ない言葉でサポートしてますよね（笑）。

小林　いや、緊張しかしてないです（笑）。言うことを決めてから出てるんで、変なこと言われても、そのまま返しちゃうんです。

――課長はそれでも順調にプレイしていて、小林さんとは相性は良さそうですね。

小林　どうなんですかね……有野さん、よくわからないです（笑）。サポートすればするほど、何がなんだかわからなくなりますね。

――課長、どうってことないところで延々とハマったり、かと思えば超難所をあっさりクリアしたり、読めないですよね。

小林　ですね。300分生放送もそうでしたよね。「40面くらいで時間切れかな」って読みだったんで「やってくれたな」という感じでした（笑）

――小林さんはゲーム攻略を解説する絵も上手いですよね。『ジョイメカファイト』（＃296）でキャラの特性を描いた一覧表もわかりやすかったですし。

小林　絵は子どものころから好きだったので、あれは僕なりに「このキャラクターはこうです」っていうのを描いて、ちょっと相談して、文言は少し直されましたね。

――横で課長のプレイを見ていて、どう思われます？

小林　急に「すごい！ なんで!?」みたいなプレイをされることもあるので、「持ってる」人なんだなと思いますね。『CX』が続くだけあるなって。

――あと、タレントさんとは思えないくらい粘り強いですよね。

小林　そうですね。「ステージセレクトがありますけど使いますか？」って言うと「いや、もうちょっと頑張ります」って言ってくれるので、やっぱりゲームが好きなんだなって思いますね。

――他にキツかった挑戦ゲームはありましたか？『ラフワールド』以外で。

小林　『クォース』（＃295）は結構キツかったですね。それに『ジョイメカファイト』は難しくはなかったんですけど、敵が36体いて、全部の攻略法を考えないといけないのが大変でした。「この敵は絶対いけるだろうな」ってときも、有野さんがいけないかもしれないので、その準備をしておかないとダメなんですよ。「難しくないのに攻略法を考える」というのが難しかったですね。

――「なぜハマるんだ？」という人に教えるのは難しいですよね（笑）。でも、逆にラスボスを課長があっさり倒せたのはビックリしましたね。

小林　そうですね。僕もラスボスは30分くらいかかってたんで、一発でいく人はなかなかいないと思います。

――本当に想定の斜め上を行きますよね、課長。

小林　『ナッツ&ミルク』も攻略のパネルを用意してたんですよ、20枚くらい。なのに1枚も使わず。

――せっかく作ったのに放送には出ていない攻略パネルとか、他にもあるんですか？

小林　『迷宮寺院ダババ』（＃291）で言うとステージ4のマップを作ったんですけど、それも使いませんでしたね。

――最近、課長は難しいゲームでも自力で突破することが多いですよね。

小林　同い年の方と比べると、ゲームは圧倒的に上手いと思います。『クォース』もクリアはできなかったですけど、全然上手かったですよね。

――いまはゲーム実況動画もたくさんありますけど、課長と比べてどう思います？

小林　有野さんのほうが面白いと思います。コメント力が全然違いますよね。

――収録現場で、素で笑っちゃうこともありますか？

小林　笑っちゃいますね。それで用意していた言葉を忘れちゃうこともあって、ちょっと大変ですけど（笑）。

――もし自分が課長のような立場になったとして、みんなの前でゲームができると思いますか？

小林　いえ、無理だと思います。

――では最後に、放送300回を迎えた有野課長に向けてメッセージをいただければ。

小林　ADはロケハンをしてクリア想定時間というのを考えてスケジュールを出しているので、有野さんも、そのスケジュールに沿ったクリア時間を目指して頑張ってほしいです。

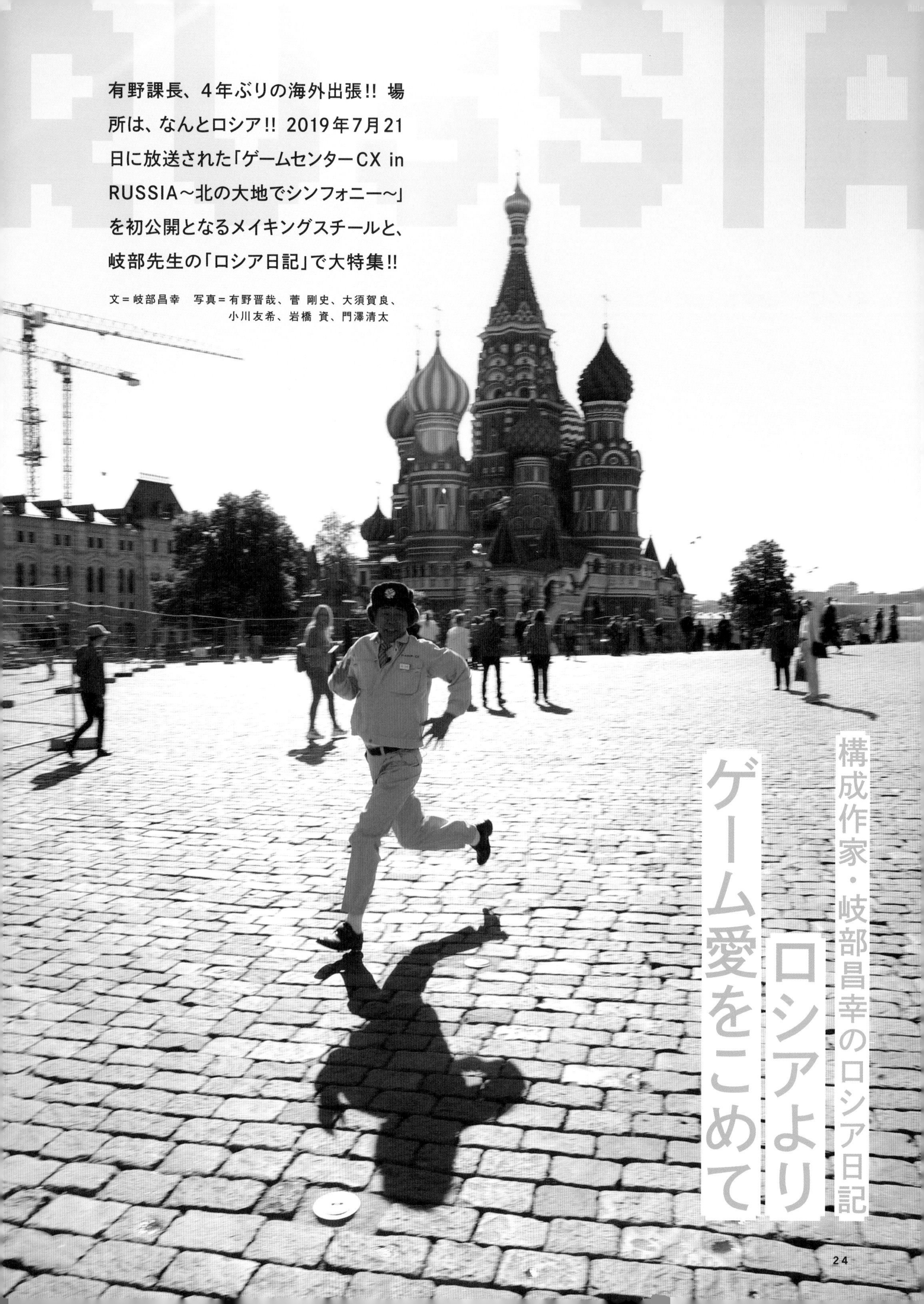

構成作家・岐部昌幸のロシア日記

ロシアより ゲーム愛をこめて

有野課長、4年ぶりの海外出張!! 場所は、なんとロシア!! 2019年7月21日に放送された「ゲームセンターCX in RUSSIA～北の大地でシンフォニー～」を初公開となるメイキングスチールと、岐部先生の「ロシア日記」で大特集!!

文＝岐部昌幸　写真＝有野晋哉、菅 剛史、大須賀良、小川友希、岩橋 資、門澤清太

約2ヶ月に及ぶステイホーム期間中、家にいることがまったく苦にならなかったインドア派もインドア派な私だが、これまで海外には5ヶ国ほど訪れている。アジアに北米にヨーロッパ……それだけ聞いたら、わりとアクティブな性格に思われるかもしれない。しかし、それらはすべて「テレビ番組のロケ」にくっついて行っただけ。しかも、観光ではなく外国のゲームが目当てに、である。

今回もまた、人生で訪問することになるとは夢にも思わなかったあの国へ、私は飛び立つことになった。

「久しぶりの海外ロケが決まりました。行き先は！　ロシアです！」

「えっ⁉」

サプライズ大好きプロデューサーから会議の冒頭に発表されると、私は驚きの声をあげた。テレビ局の予算が年々縮小されるなか、4年ぶりの海外ロケが敢行されることにもびっくりしたが、何より驚いたのはその行き先だ。

教科書で学んだ〝冷戦〟にはじまり、私の「ロシア」に対して抱くイメージは〝なんか怖い〟である。軍事大国的な側面はもとより、いつしかテレビ番組で見た〝プーチン大統領が裸で熊にまたがっているTシャツがお土産として大人気〟という情報も、それはそれである意味〝なんか怖い〟。『がんばれゴルビー』『ゴルビーのパイプライン大作戦』という、旧ソ連を代表する政治家・ゴルバチョフ書記長をモチーフにしたインフラ整備型パズルゲームが日本の家庭用ゲーム機で2本も出てる事実も〝なんか怖い〟。

ロシアを表現するネットスラング〝おそロシア〟。ダジャレとしては星ひとつだが、私が持つ国のイメージにはとてもしっくり来る造語だった。

（さすがに今回は同行せず日本で待っていよう……）などと、恐れおののいていた私だったが、

「岐部は出演者としてチケットおさえたから！」

「行く？」「行かない？」のコマンド入力もなく、私のロシア行きはスキップできない強制イベントとして決定していたようだ。ああ〝おそロシア〟。

しかし、結果的に今回も「海外に連れてってくれてありがとう！」と、菅書記長……もとい、菅プロデューサーに感謝することになるのだが。

出発当日。

『ゲームセンターＣＸ』の海外ロケのはじまりには「ふしぎな決まり」が存在する。

「おーい、岐部！　こっちこっち！」

レストランの奥のテーブルからプロデューサーが手招きする。心配性すぎて詰め込んだものの、半分も使わないであろう中身が入ったスーツケースを静かに転がしながら私が近付くと、その卓上にはすでに寿司や天ぷら、そしてなぜかなんこつの唐揚げなんかも並んでいた。

「おはようございます」

「おはようございます。岐部先生も何か食べたら？」

プロデューサーの横で蕎麦つゆに薬味を入れながら、大柄の男が促した。作業着をまとう前の有野課長である。

そう、『ゲームセンターＣＸ』の海外ロケは、空港のレストランでしっかり食事をしてから飛行機に搭乗することが恒例行事になっているのだ。

私は、前回のベトナムロケのときにも感じた疑問を、落語家のように豪快に音を立てながら蕎麦を啜っている有野さんにぶつけた。

「機内食、わりとすぐに出ますよね？」

「うん。知ってる」

「いま食べたら、お腹いっぱいになりませんか？」

「平気。課長、海外ロケのときは1日6食やから」

6食？　……どうやら、この蕎麦以外にイレギュラーな食事がもう1食あるらしい。

「そんなことより、岐部先生。時間なくなるから頼んだら？」

急かされた私はパラパラとメニューをめくった。「じゃあ、うどんにします」と、出国前最後の食事として好物を頼んだ。

目指すロシア・サンクトペテルブルク空港までの所要時間はおよそ10時間。エコノミー席にずっと座りっぱなしの状況は、決して快適な空の旅とはいい難い。が、私はこの時間が大好きだった。

「岐部くん、何それ？」

うどんを秒で平らげ、荷物を確認している私に有野課長が尋ねた。

「あ、これ、ＰＳ Ｖｉｔａです。機内でやろうと思って」

飛行機に搭乗し、スマホを「機内モード」にしたら最後、物理的に仕事の電話やメールに対応することはできない。つまり、長時間誰にも邪魔されずにずーっとゲームができる。フライト中は私にとってシアワセなひとときなのだ。

すると、有野課長はごく普通のトーンで驚くべき言葉を口にした。

「そうなんや。それ貸して」

「は？　貸して？」

私は耳を疑った。しかし、その耳にもう一度、同じフレーズがリフレインする。

「うん。Ｖｉｔａ貸して。着いたら返すから」

いやいやいや……貸せるわけないでしょう！　私からうどんとゲームを取り上げたら何が残るっていうんですか！　どうせほぼほぼ寝てるじゃないですか！

などと全力で拒否すると、有野さんは「そうか〜ダメか〜」とニヤニヤしながら搭乗ゲートへ向かった。これもまた、ロシア前から〝おそロシア〟である。

なんとか死守したゲーム機をカスカスになるまでやり込むこと10時間。飛行機は私にとって5ヶ国目となる異国の地へと

КАССЫ
ssia-1

МАГИСТРАЛЬ

降り立った。そして、私が長年抱いていた〝なんか怖い〟という先入観は、いい意味で裏切られた。

ロシアは、とても美しい国だった。

雑然とした東京の繁華街とは対照的に、街には企業や店の看板がほとんど見られない。歴史を感じる色鮮やかな建物が立ち並び、明媚な町並みを演出している。気候も涼しく快適で、意外や意外、歩くだけでも心が弾むような街だった。

今回、そんなロシアに我々が来た目的は、「コンサートへの出演」である。

ロシアと日本との友好の架け橋として、アニメやゲームの名曲をテーマにしたオーケストラコンサートが定期的に開かれており、日本のアーティストもちょくちょく招待されているという。今回も、あの『新世紀エヴァンゲリオン』の主人公・碇シンジの声でおなじみ緒方恵美さんも出演する、なんとも豪華なステージだ。そして、同じように日本の有名なゲーマーとして招かれた有野課長は、現地のアニメ・ゲームファンの前でオーケストラの演奏に乗せてレトロゲームをプレイすることになっていた。

そして、転んでもただでは起きないのが『ゲームセンターCX』。「このチャンスに海外たまゲーを撮っちゃおう！」と、今回のイベントにかこつけて、ロシアのゲーム事情を探るロケが計画された次第である。

「なんと今回、ロシアにやってきました！」

世界的に有名な観光スポット「血の上の救世主教会」の前で、海外ロケおなじみのカンペ丸読みのロシア語で有野課長が挨拶し、ロケはスタートした。

教会の入り口には様々な人種の観光客が列をなしている。100年前の豪華絢爛な建造物、当然私も中を拝見したいところだが、これはあくまでもゲーム番組の収録なのだ。

「じゃあ、オープニング撮ったので移動です～！」

どんなに有名であろうとも、ゲーム関連以外のスポットは基本スルー。仕方ない、と私は後ろ髪を引かれるようにして、駐車場のロケバスに乗り込んだ。

だが、待てど暮せど車が出発しない。

「◎$♪×△¥●&?#$!!!」

ロケバスを運転するロシア人ドライバーが、ハンドルをバンバン叩きながら憤っていた。しかし、いかんせん英検3級、ロシア語に至ってはボルシチ、ピロシキ、ザンギエフくらいしか存じ上げない私に、その言葉が理解できるはずもなかった。

「どうやら、違法駐車のせいでロケバスが出られないらしい」

結局、その迷惑な車がいなくなるまでの数十分。私たちは不用意に積み上げられたテトリスのような形の駐車場内をぐるぐると巡回しただけだった。

(こんなことなら教会、観光できたじゃん……)

そんなトラブルもまた、海外ロケの醍醐味だったりするのだけれど。

ようやく駐車場を抜け、次のロケ地を訪れると、ミニトラブルで沈んでいた一同のテンションはおのずと上がった。

「続いてやってきたのはここ！　ロシアの古いゲームがたくさんあるみたいですよ！」

当番組にとっては、血の上の救世主教会に引けを取らない魅惑のスポット。ソ連時代のアーケードゲームが遊べる形で展示されている博物館だ。アジアの国などでは、日本の古い筐体がゲームセンターに並んでいるケースも少なくなかったが、ここに置かれているのは、ものの見事に見たことがないロシア製のオリジナルのゲームばかりだった。

あくまでも私の考察だが、社会主義国家だった旧ソ連は他国との文化交流が少なかったため、独自のゲーム文化が育まれたのではないだろうか？　また、銃撃タイプのゲーム機が多いのもお国柄を象徴している。

ゲームセンターCX
（どうもこんにちは！ゲームセンターCX 課長の有野です！）

ゲームセンターCX
ソビエトアーケードゲーム博物館
МУЗЕЙ СОВЕТСКИХ ИГРОВЫХ АВТОМАТОВ

ゲームセンターCX
1970年代〜90年代に製造された
ソ連時代のアーケードゲームを遊ぶことができる

GCCX FROM RUSSIA

「なにこれ!?　これも知らないゲームやわ～!」

興味津々でプレイする有野課長をカメラの後ろで眺めながら、私はいつ呼ばれてもいいように心の準備をしていた。そう、私は決してお遊びでロケに帯同しているわけではない。ゲーム番組の構成作家として、ゲーム知識が必要なときに速やかに登場し、有野課長をサポートする大役があるのだ。

そんな矜持を反すうしていると、早速、そのときは訪れた。

「岐部先生!」

「はい!!」

だが、カメラ前に立った私が有野課長から託されたのは、異国のゲーム機の解説ではなく、異国の謎ジュースの試飲だった。

「うわー、下痢っぽい音やわー」

古い自販機から不快な音を立てて、コップにあふれるほど注がれる緑の液体。

「どうぞ」

と、手渡されるが、一向に気が進まない。っていうか、この自販機ちゃんとメンテナンスしてる?　液体いつ入れたの?　このあとずーっとロケだけどお腹痛くならないよね?　などなど、様々な心配が沸き起こる。

そして、意を決して緑の液体に口をつけるやいなや

「オエッ!」

本当に胃のあたりから何かが沸き起こりそうになった。

「美味しいのに!　もう飲まんでいいわ!」

有野課長にコップを奪われると、私の異国の地での最初の仕事が終わった。

その後も、ゲーム番組のロケなのに、私のゲームに関する見識が求められることはまるでなかった。

ロシアの水餃子という、定番じゃないからこそ難易度の高いグルメコメントを求められた挙げ句、女性店員さんにロシア語で「オレはスーパースターだ!」と、とんだフェイクニュースを発信させられ苦笑いされ……、遊園地では最新のVRゴーグルを付けたのに結局、男性店員が体を豪快に揺らすだけという鬼アナログ仕様の絶叫マシンで、奇怪な声を荒らげてはロシア人のおじさんに失笑され……、大衆食堂では手にした焼き鳥串が私の握力のなさによりプルプルと震える様子が笑いを誘ったものの、後に「編集したら大してアレ、面白くなかったな」となぜかダメ出しされ……と、履歴書の職歴欄になんと書いていいのか路頭に迷うようなお仕事ばかりが続いた。

ただ、今回のロケで路頭に迷ったのは私だけではない。サンクトペテルブルクからモスクワに向かう寝台列車に乗り込む際、大須賀D扮する〝おぼろ侍〟と片山D扮する〝片山ポリス〟という、安さ爆発のコスプレ姿のふたりが、駅で有野課長を案内するというくだりを設けていたのだが、ロシアはびっくりするくらいトイレを気軽に借りられない。そのため、着替える場所が見つけられなかったふたりのDは、列車出発まで一同が時間を潰していたそれはもうおしゃれなカフェで、仕方なく着替え始めた。パンツ一丁になり、見たことがない異国の服をまとうふたりに注がれる、周囲のロシア人からの怪訝な眼差し。やっかいなことに、キャラの設定上おぼろ侍は

GCCX FROM RUSSIA

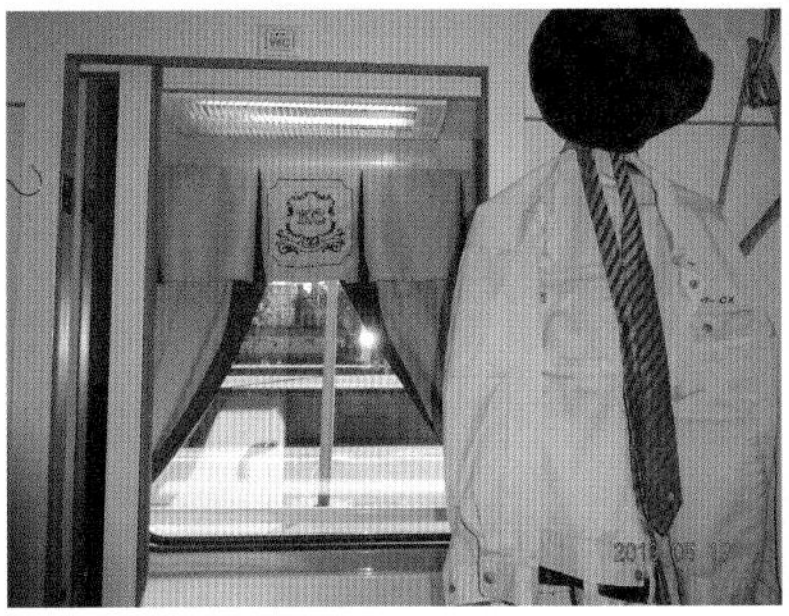

有野課長 PHOTO ALBUM

写真＝有野課長

SOUVEN

МУЗЕЙ
ИГРОВЫХ
АВТОМАТОВ

「刀」、片山ポリスは「拳銃」（もちろんどちらもおもちゃ）を所持しているため、軍事大国で銃刀法違反的なトラブルに巻き込まれやしないかと、超ヒヤヒヤしていた。

そんな苦労を重ねて始まった、おぼろ侍&ポリス片山の最大の見せ場は、いざフタを開けてみたら現地の女性車掌さんがすべて笑いをかっさらっていくという、なんとも残念な結果に終わった。

だが、モスクワに向かう列車の中で彼らは、「ぷはー、仕事の後は酒がうまいぜ！」と、満足気にウォッカをあおっていた。どうやら本人たち的には、大成功だったらしい。

列車内で夜を明かすと、ロシアの首都・モスクワに到着した。

今回の旅の目的であるオーケストラコンサートへの有野課長の出演。まさにクライマックスを迎えようとしていたそのとき、我々は想像だにしないハプニングに見舞われた。

番組スタッフの一部が先発隊として早めに会場入りし、もろもろスタンバイをする予定になっていたのだが、いざ会場に到着すると、

「関係者以外を通すわけには行かない」

入館を拒まれてしまったのだ。受付に何度も事情を説明するが「聞いてない」の一点張り。刻一刻と開演時間が迫るなか、何の戦力にもなれない英検3級が雁首をそろえる我々スタッフたちの歯がゆさだけが募る。

「責任者と連絡取れました！」

「良かったー!! 早くスタンバイしよう!!」

気が遠くなるほど待たされた後、ようやく許可が降りた。だが、やはり連絡ミスがあったようで、練習用のゲーム機など、事前にお願いしていたことがことごとく準備されていなかった。

さらに、リハが始まってからも、機材のトラブルや〝ゲームプレイに合わせる〟という前代未聞の演奏に音楽家たちが戸惑い、すべてが消化不良のまま時間切れ。本番を迎えることになってしまった。

「誰ひとり、課長のこと知らないんやろうな……。ああ、怖いなー」

客席はほとんどが現地のロシア人。加えて準備不足も否めない状況に、芸歴およそ30年のベテラン芸人もつい弱音を吐く。

そんなアウェイの環境のなか、ついに有野課長はステージへとあがった。

私が不安な舞台袖から会場を見つめていると、客席から大きな拍手とともに思いがけない声が上がった。

「カチョウー!!」

なんとロシアにも有野課長のファンがいたのである。しかも、ひとりやふたりではなかった。

「課長のこと知っている人いますか？」

有野さんが質問すると、客席のあちこちから手が上がる。アウェイだと感じていた現場の空気が明らかに変わった。

「ゲームセンターＣＸ　課長～!!」

「オーーン!!」

おなじみの掛け声で有野課長とロシアのお客さんがひとつになると、会場のボルテージは一気に上がった。

「わーあかん！」

「ウワーーーッ!!」

「これはいけるやろ！　あー、無理やっ

たかー」

「カチョー！　カチョーーー！！」

有野課長の良くも悪くも予測不能なプレイに客席は大いに湧いた。さらに、さすがはプロ集団。リハでは時間が足りず、まとまりきれなかったオーケストラも、本番では目まぐるしく変わる展開にバシッと演奏をシンクロさせていく。

「やりましたー!!」

割れんばかりの大きな拍手に包まれながら、ロシアでのコンサートは大盛況に終わった。

「こんな素敵な舞台に立てて良かったですね」

さっきまでステージに立っていた由緒ある音楽堂をバックにしみじみとそう語った作業着姿の有野課長。そこには、疲労感と達成感が入り交じる、仕事をやりきった男の顔があった。

その表情を見て、ああ、今回も一緒に来れて本当に良かった、と私はしみじみ感じたのである。

テレビ局の予算問題もさることながら、現在、気軽に海外に行けるような状況ではなくなってしまった。けれども、次にまた番組で海外ロケがあるとしたら、スケジュールをこじ開けてでも必ず帯同したいと思っている。

食レポだろうが、絶叫マシンだろうが、ザリガニファイトだろうが、なんでも屋として八面六臂の活躍を誓いますので、また連れて行って下さいませ。有野課長様。

あ、でも、ゲーム機は貸しませんからね。

GCCX FROM RUSSIA

CONTINUE Presents

AD-1 GRAND PRIX 2020

史上最強のＡＤは『CONTINUE』が決める!!
2003年11月の番組スタートより
有野課長を支え続けてきたサポートＡＤたち。
栄光の初代ＡＤ東島から
若干24歳の18代目ＡＤ小林まで、
総勢19名となるサポートＡＤたちの中で、
もっともゲームの上手いのは誰なのか——?
この『ゲームセンターＣＸ』
最大の疑問に決着をつけるべく、
スタッフ・ファンによる投票、
実行委員会メンバーによる対談、
そして決勝進出者２名による
ガチンコゲーム対決によって
史上最強のＡＤを決定する
「AD-1 GRAND PRIX」の開催を、
ここに宣言する!!

「AD-1 GRAND PRIX」実行委員長
林 和弘(『CONTINUE』編集長)

初代AD
東島真一郎

2代目AD
笹野大司

3代目AD
浦川 瞬

4代目AD
井上 侑也

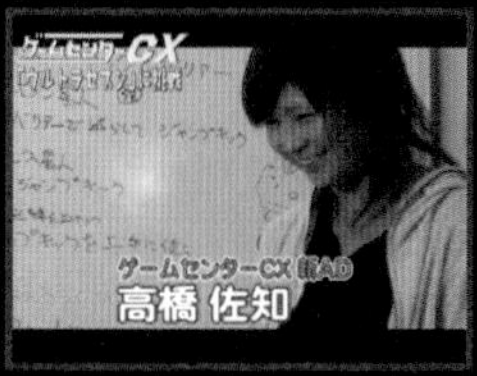

5代目AD
高橋佐知

6代目AD
鶴岡丈志

7代目AD
中山智明

8代目AD
江本紘之

8代目AD
伊藤 茜

9代目AD
片山雄貴

AD-1 GRAND PRIX Official Rule

- ○「AD-1 GRAND PRIX」に出場する資格を持つのは『ゲームセンターCX』歴代サポートADのみとする。
- ○決勝トーナメントに進出する8名は番組スタッフ、ファンによるアンケートを受けて決定する。
- ○決勝トーナメントに際しては番組登場順に、下記トーナメント表①～⑧にエントリーされる。
- ○決勝トーナメントの勝敗はAD-1実行委員会メンバーによる対談によって決定される。
- ○決勝戦はトーナメントを勝ち抜いたAD2名によるゲーム対決により、その勝敗を決定する。

10代目AD
高橋純平

11代目AD
伊東篤志

12代目AD
松井 現

13代目AD
矢内英明

14代目AD
大須賀 良

15代目AD
渡 大空

16代目AD
加賀祐太

17代目AD
岩橋 資

18代目AD
小林恭介

Q.歴代サポートADの中で「ゲームが上手い」と思うADを教えてください。

STAFF
スタッフ

RANKING

第1位 浦川 瞬（3代目AD）

高橋純平（10代目AD）

第3位 片山雄貴（9代目AD）

第4位 渡 大空（15代目AD）

第5位 笹野大司（2代目AD）

第6位 松井 現（12代目AD）

第7位 小林恭介（18代目AD）

COMMENT

【浦川瞬】YouTubeの攻略動画などもない時代にゲームもほとんどやらなかった男が超難関ゲーム『高橋名人の冒険島』をクリアしたのは素直にすごいと思います（岐部昌幸）、【高橋純平】もともとの運動神経が良いから、ゲームも上手い。粛々とプレイし、ソツなく確実にクリアする（石田希）、【片山雄貴】毎回どんなゲームもパターンをすぐ見極めている印象です。近い先輩なので、一緒にゲームしたことがありますが、勝った覚えがありません（大須賀良）、【渡大空】ロケハン時、「いま話しかけるなよ」オーラ全開の鬼気迫る姿でゲームと向き合い、本番で結果を出す。年下だけど「頼れる兄貴感」があった（中内竜也）、【松井現】喋りは何を言ってるかわからないが、攻略の手順の掴みが上手い！（阿部浩一）、【笹野大司】僕がロケハンで難所に詰まっていたとき、手伝ってくれてクリアの仕方を見せてくれていた。ちなみに東島さんは、「一機やらせて」とプレイするもクリアできず、「難しいね」と帰っていく（浦川瞬）

QUESTION

FAN

WEBアンケート

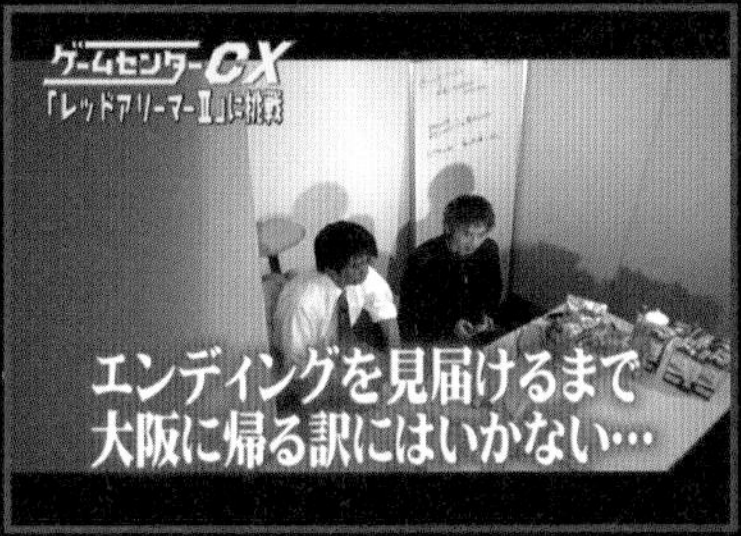

RANKING

第1位　高橋純平（10代目AD）

第2位　浦川瞬（3代目AD）

第3位　笹野大司（2代目AD）

第4位　中山智明（7代目AD）

第5位　渡大空（15代目AD）

COMMENT

【高橋純平】『パイロットウィングス』が衝撃的でした！　ほぼ満点のクリアが未だに忘れられません（SHOCO・女性・31歳）／持ち前のセンスが良い（みつるさん・男性／33歳）／数多いサポートADの中でも残した実績は一番のような気がします（たかな・男性・48歳）、【浦川瞬】攻略不可能といわれる『忍者龍剣伝』や『高橋名人の冒険島』で大活躍していたから（しんのすけ・男性・19歳）／絶対エース（PO・男性・34歳）／後にも先にもこの人以上の人を見たことないです（流浪に・男性・29歳）、【笹野大司】初期のエースであり、出てくれば必ずサポート成功してるイメージ（ワラリ・男性・19歳）／ほとんどミスがなく、完璧にサポートをしたから（無限増殖・男性・40歳）／笹野さんがミスしていた記憶がほぼありません！　涼しい顔で華麗に課長をサポートしていたイメージです！（まみみ・女性・35歳）、【中山智明】格闘ゲームが上手い（アユト・男性・44歳）／格ゲーの趣味と、たまに見せるプレイから「やってるなコイツ」感があるのと、また中山さん来てほしいな～というのも含めて。めちゃくちゃ愛嬌あって良い（ぺぺロンチーノ・女性・29歳）／普段からゲームをやっている印象が強い（あどるさん・男性・35歳）、【渡大空】兄貴は一番のゲーマーだったと思います（wakauj・女性・45歳）／とにかくソツがなかった！　黙々とプレイする感じがとても良かったです（けむんぱ・女性・37歳）／シューティングからアクションまで、ジャンルを問わずスマートにクリアされていて、つまづいているシーンをあまり見たことがないから（ありさ・女性・33歳）、【松井現】上手いというか努力の人。必ずではないけど高確率でサポートすると課長をクリアに導く印象（さつい・女性・28歳）／確かな腕前で課長をアシストされていました。武道館での活躍も記憶に残っています（高畑勇介・男性・41歳）、【小林恭介】いままでで一番上手いと思います。やはり若いので反射神経がダントツだと思います（小久保敬仁・男性・45歳）

NEXT　次ページで決勝トーナメント進出者が決定!!

これが決勝トーナメント進出者だ!!

AD-1 THE FINAL TOURNAMENT

イラスト=サダタロー

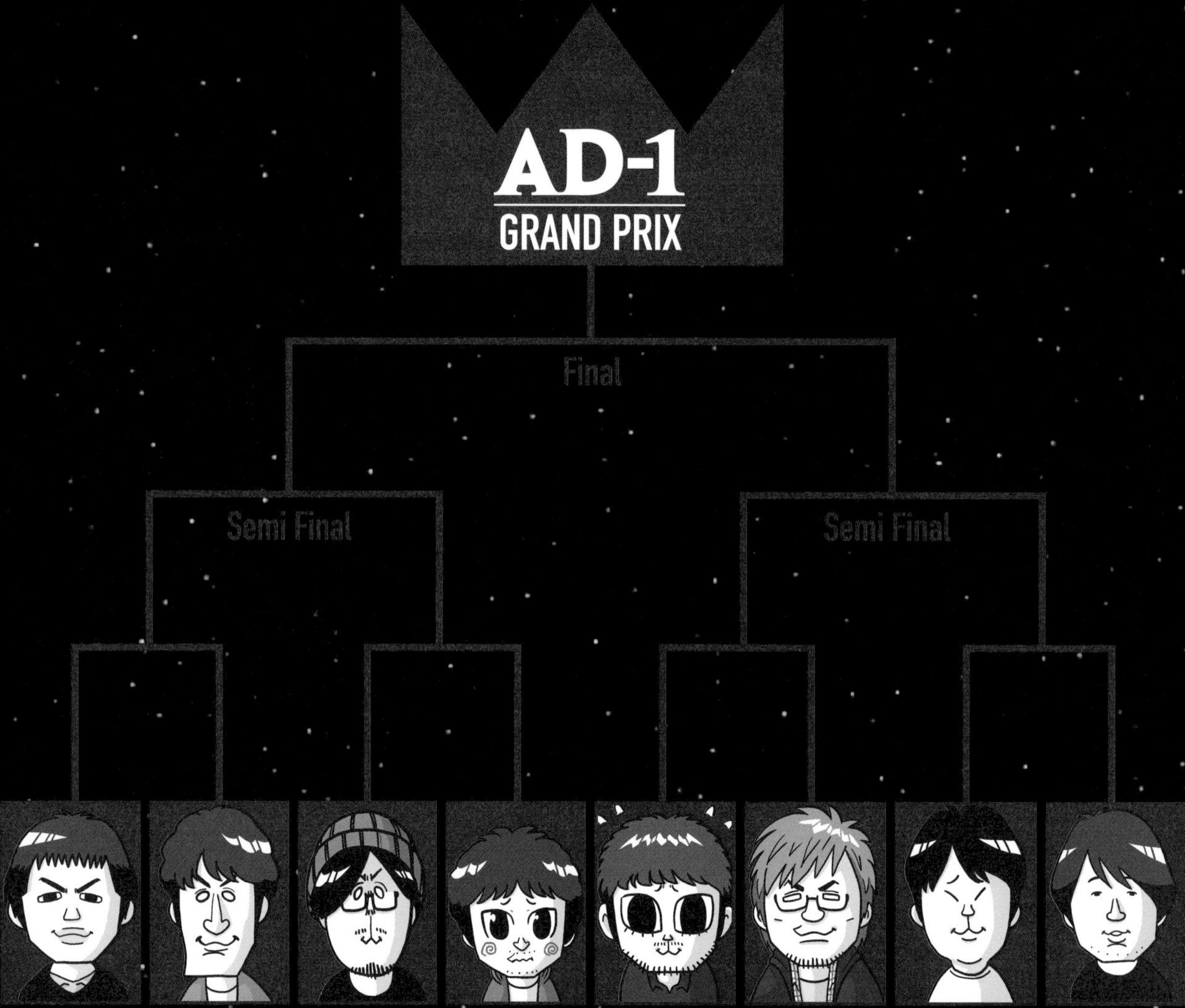

笹野大司 2代目AD

高橋純平 10代目AD

浦川瞬 3代目AD

松井現 12代目AD

中山智明 7代目AD

渡大空 15代目AD

片山雄貴 9代目AD

小林恭介 18代目AD

AD-1 FIGHTER

3代目AD

浦川 瞬

卓越したゲームテクニックを持つ3代目ＡＤ。『高橋名人の冒険島』における前人未踏、28時間にも及ぶ完全攻略プレイは現在も語り草。

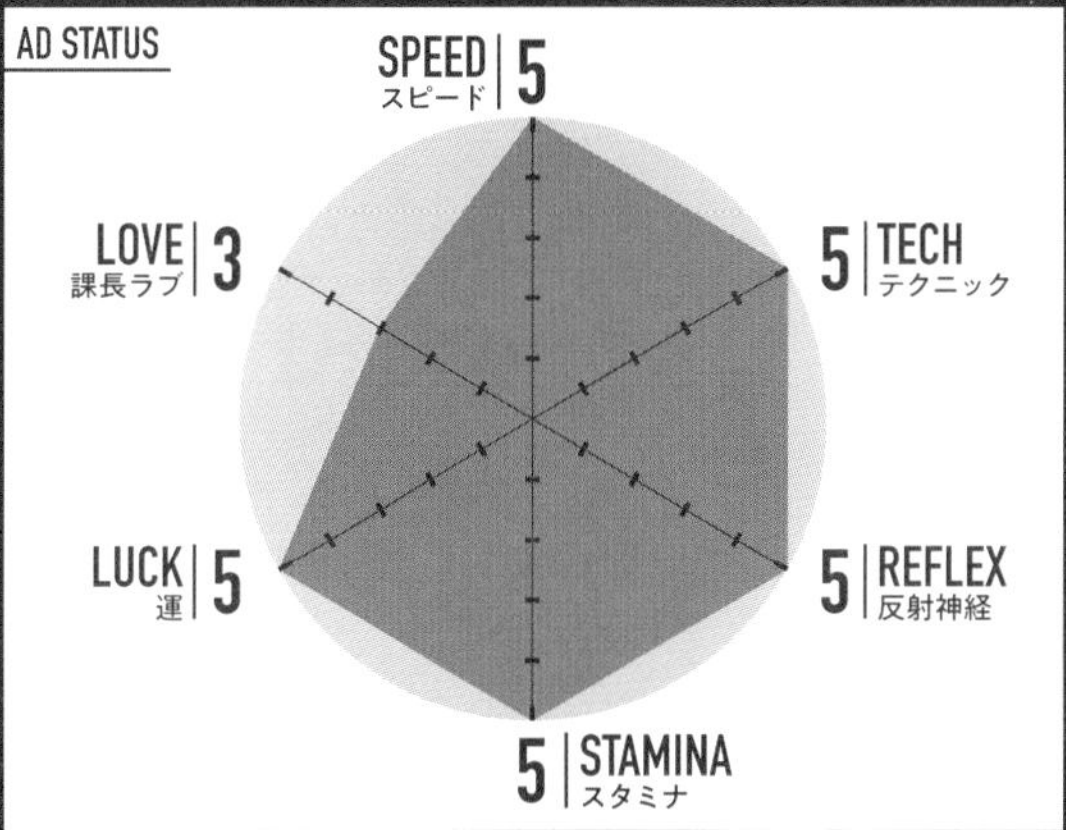

AD-1 FIGHTER

2代目AD

笹野大司

レジェンドにして歴代最強の呼び声も高い2代目ＡＤ。ちなみに「1機やらせてもらってもいいですか？」はAD笹野から生まれた名言。

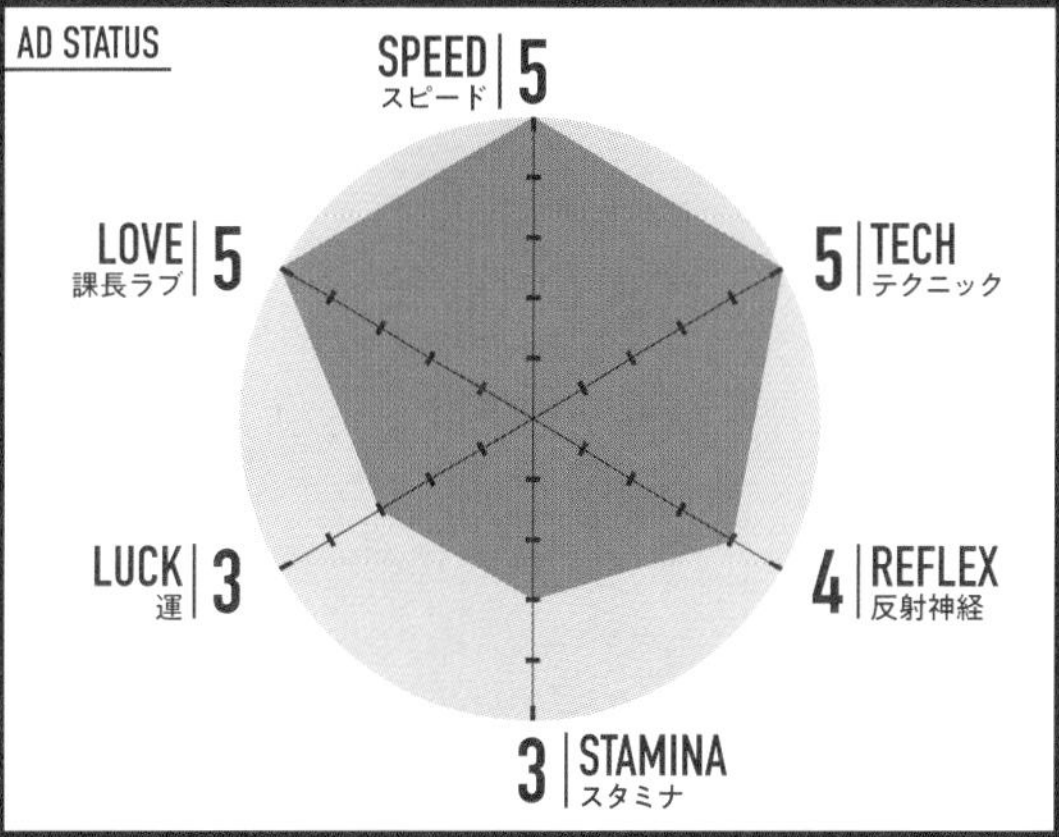

AD-1 FIGHTER

9代目AD

片山雄貴

確かな腕前に加えて味のある画力で有野課長をサポートした9代目ＡＤ。スタッフからの評価が高く「最強説」も囁かれるロケハン番長。

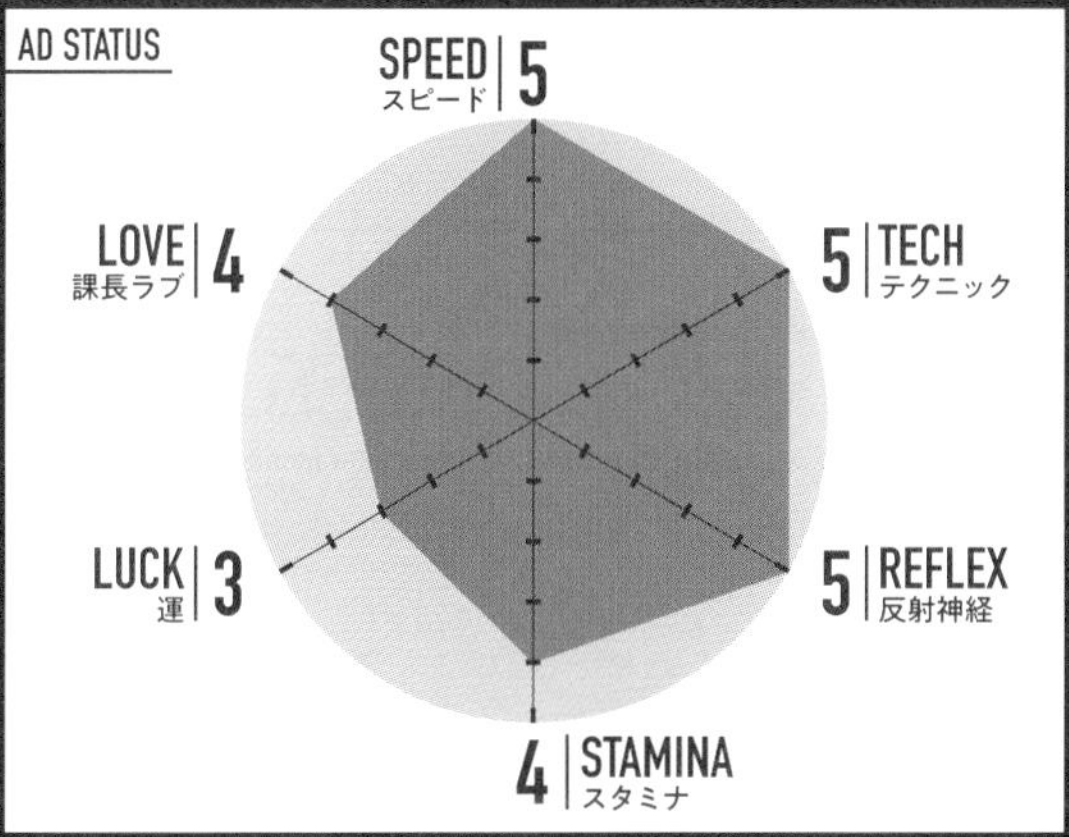

AD-1 FIGHTER

7代目AD

中山智明

番組卒業後もイベントや特番などに引っ張りだこの7代目ＡＤ。格闘ゲームを得意としている。先日、300回記念生放送にて結婚を報告。

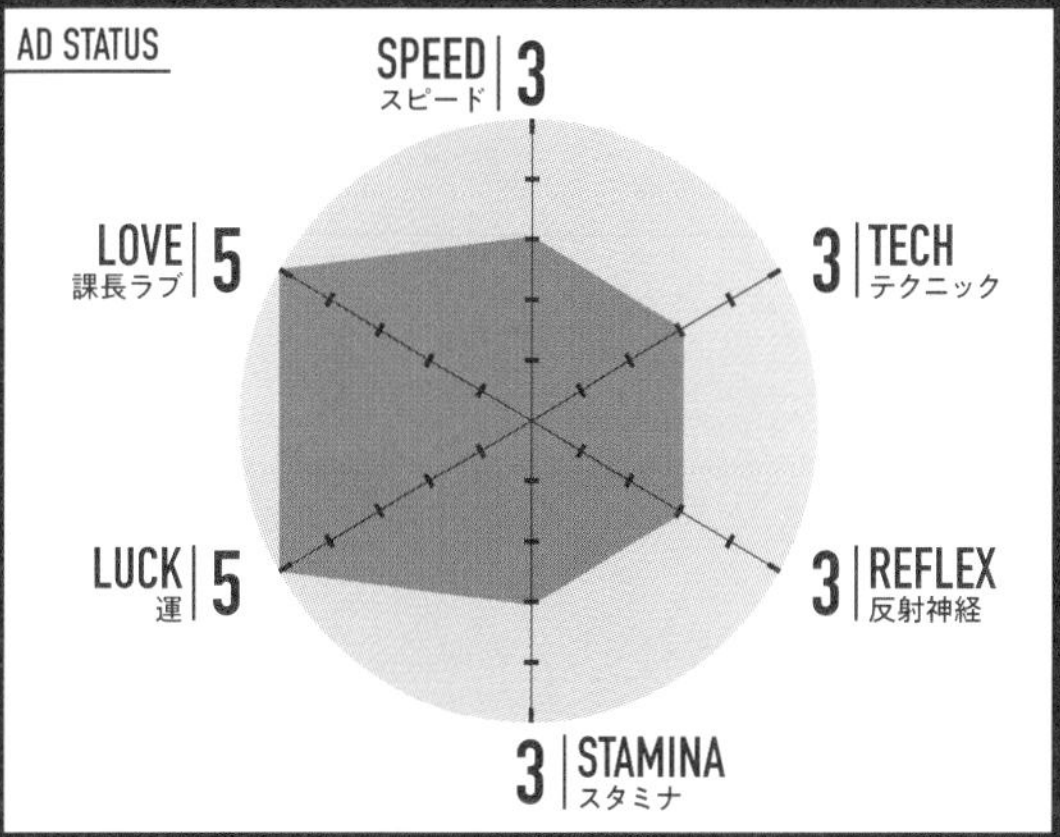

AD-1 FIGHTER

12代目 AD

松井 現

「松井ナビタイム」と呼ばれる的確なサポートで何度も有野課長を窮地から救った12代目ＡＤ。日本武道館での“名調教”も印象深い。

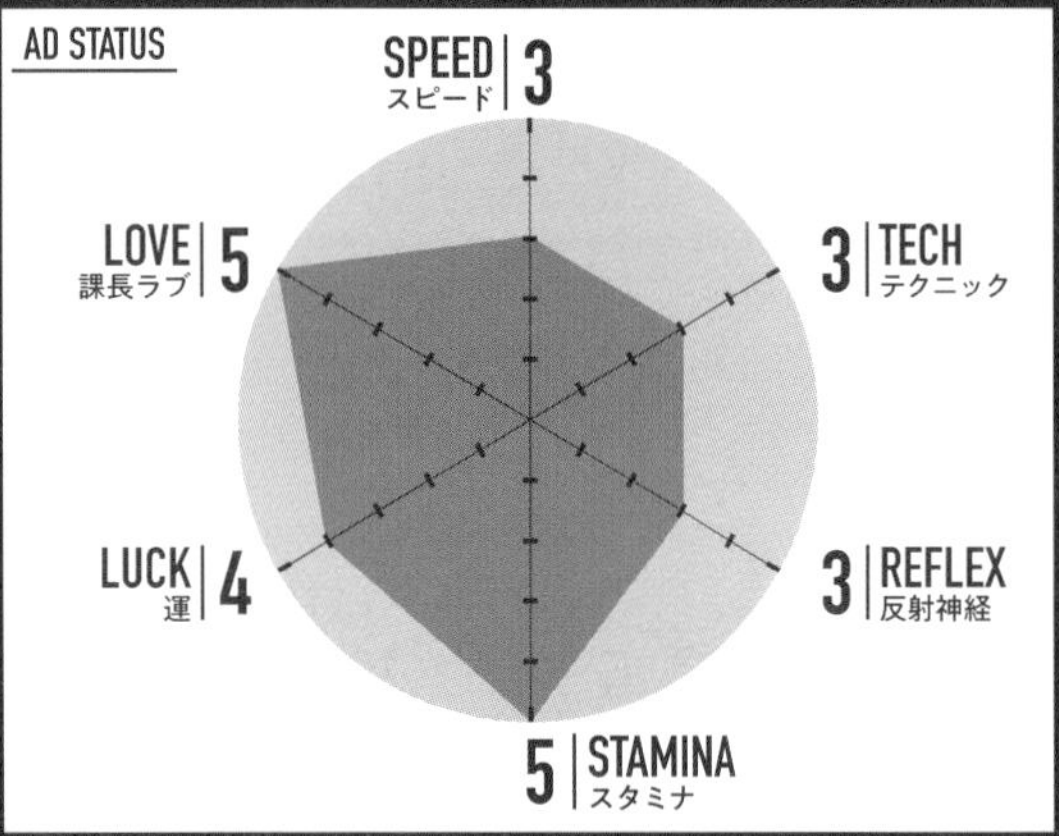

AD-1 FIGHTER

10代目 AD

高橋純平

「史上最強」の呼び声も高い10代目ＡＤ。高校時代はサッカーで全国大会に出場するなど抜群の身体能力を誇る“ミスター・パーフェクト”。

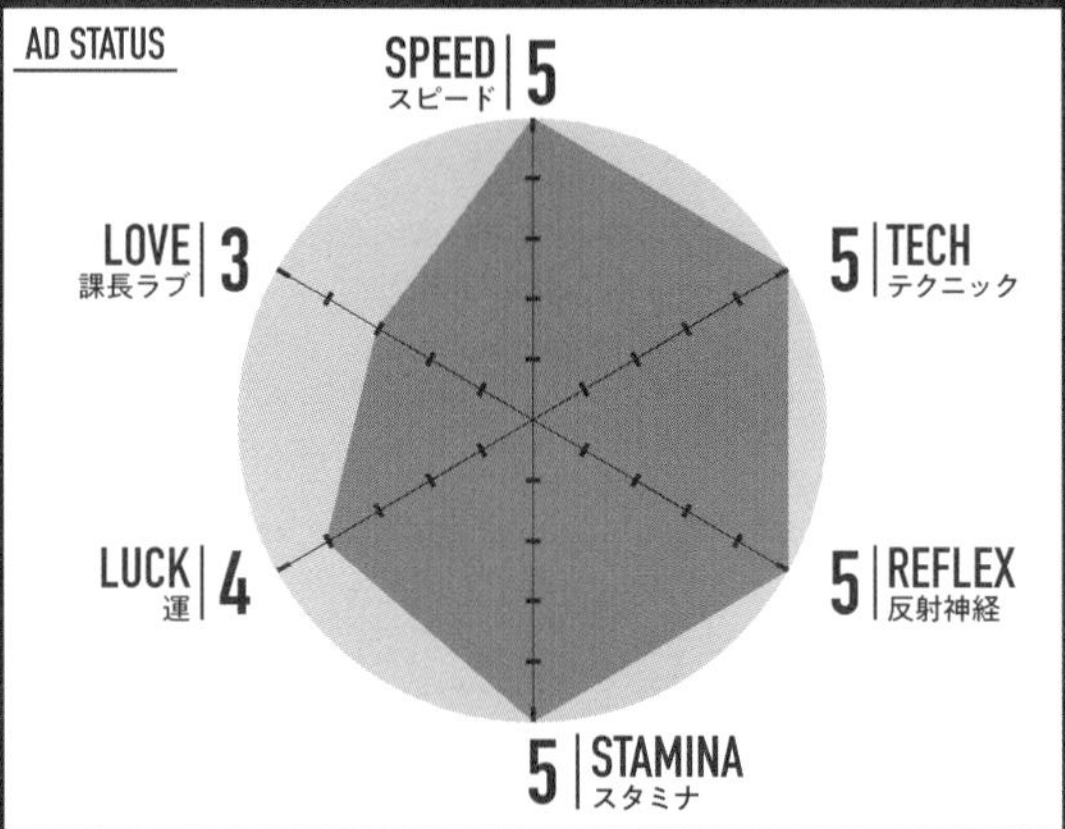

AD-1 FIGHTER

18代目 AD

小林恭介

若干24歳にして「若手最強」とも呼ばれる18代目ＡＤ。怖いもの知らずの「トン・パッ・トォーン」でレジェンドを蹴散らすことができるか？

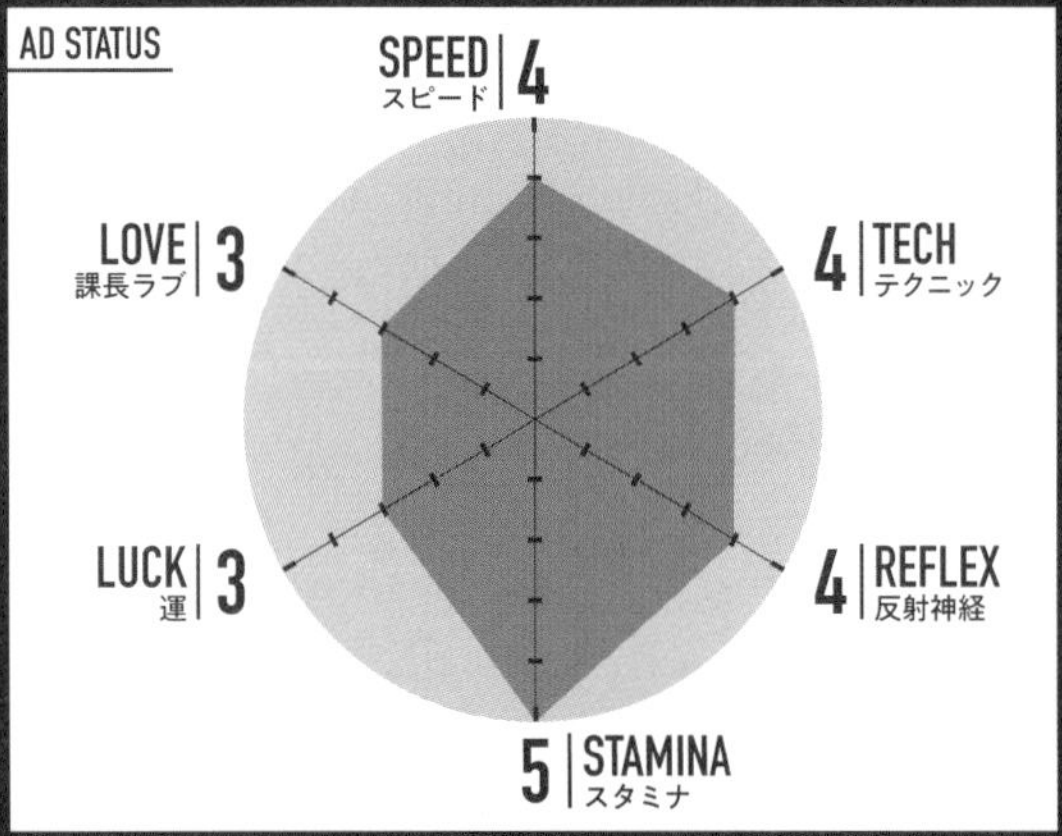

AD-1 FIGHTER

15代目 AD

渡 大空

「渡哲也と同じ渡」という看板に偽りなしの15代目ＡＤ。困ったときに登場、有野課長からも「兄貴」と呼ばれる頼れる存在。

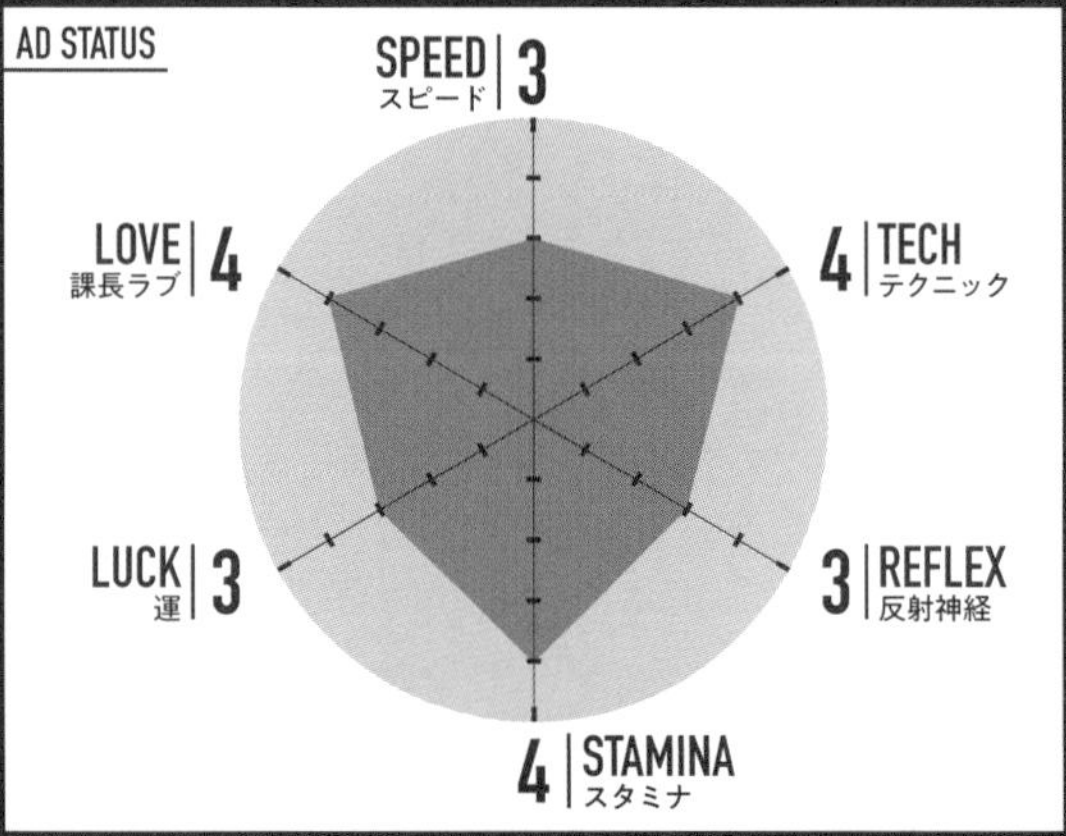

決勝トーナメント決定対談
EXPEXT FOR FINALS

ついに開幕となる注目の「AD-1 GRAND PRIX」決勝トーナメント。その勝敗を決定するのは、「AD-1 GRAND PRIX」実行委員会の『CONTINUE』編集長・林和弘と、オフィシャルライターである多根清史。開始当初より番組をウォッチし続けているふたりが決定する決勝戦進出者は誰だ!?

AD片山最強説

林　まず最初に決勝トーナメントに残ったメンバーが8名いて、これはロケハンとか一番近くで見ているスタッフと、ファンからのWEBアンケートを総合して決定したんですけど、多根さん的にどうですが、この8名は。

多根　やっぱりファン人気の高い人が揃ったな、とは思うんですけど、注目は片山さんですよね。片山さんってファンからの注目度はズバ抜けて高いというわけではないと思うんですけど、実は裏番長っていうのかな。稽古場横綱的な。

林　あははは（笑）。

多根　だから、人気と実力がミックスされた人選になってるんじゃないですかね。バランスはいいと思います。

林　多根さんから見て、片山さんのポテンシャルは、どのあたりに感じますか？

多根　番組中には、そんなに見せ場はないんだけど、ADさんとかに取材すると、みんな口々に「片山さんが上手い」っていう発言が出てくるんですよね。『CX』って長丁場のロケをして、僕たちが見ているのは一部なんだけど、それは氷山の一角であって、目に触れないところで片山さんが腕を発揮して、有野さんの挑戦を支えているのかな、って気はするんですよね。

林　片山さんに関しては、スタッフの評価が異常に高いんですよね。ファンの投票だと、そんなでもないんだけど、スタッフからは「片山さん最強説」っていうのが結構出てるんですよ。だから意外ではあるんですけど、片山さんが実力派っていうことでいうと「台風の目」的な存在ですよね。

レジェンドVSパーフェクト

林　今回、本当に偶然なんですけど、トーナメント表の左ブロックが異常に強豪揃いっていう（笑）。

多根　格闘マンガでいう「1回戦でこれをぶつけてどうするの？」ですよね（笑）。

林　そんな1回戦が、なんと笹野さんと高橋純平さんっていう、ちょっと、すごい対戦なんですけど。笹野さんは、やっぱりレジェンドADですからね。笹野さんのポテンシャルが発揮された挑戦っていうと、やっぱり『魔界村』（＃3）ですかね？

多根　笹野さんはアーケード版よりも理不尽なことで知られるファミコン版の『魔界村』を完全クリアしてますからね。

林　有野さんが1周目でギブアップしちゃって（笑）。

多根　その上で、ちゃんと2周目のエンディングを出してますからね。レジェンド・オブ・レジェンドですよ。

林　それに対する高橋さんですけど、高橋さん最強説もあるんですよね。番組初期には笹野さんであるとか浦川さんみたいなレジェンド級のADさんがいたと思うんですけど、それでいうと、高橋さんは10代目にして、久々にホンモノが来たって印象はあるんですよね。そもそも身体能力が異常に高いっていう。

多根　『CX』のサポートADさんって、体育会経験者のほうが能力値が高いっていうのが定説になってたことがあるんだけど、ひとつの証明が高橋さんですよね。

林　やっぱり、高橋さんのゲームの上手さは衝撃ではありましたよね。

多根　一時期はカーディガンに注目が集まりましたけど、ゲームもガチで上手いっていう。

林　逆に言うと、カーディガンぐらいしか突っ込めないんですよね。高橋さん、単純にカッコイイですから。シュッとしててスタイルもいい。だから、サポートADとしてはパーフェクトなんですよね……というところで、レジェンドADとパーフェクトADの対決になるわけですけど。どっちが勝つんでしょうね？

多根　これは、全盛期の猪木とヒクソン（・

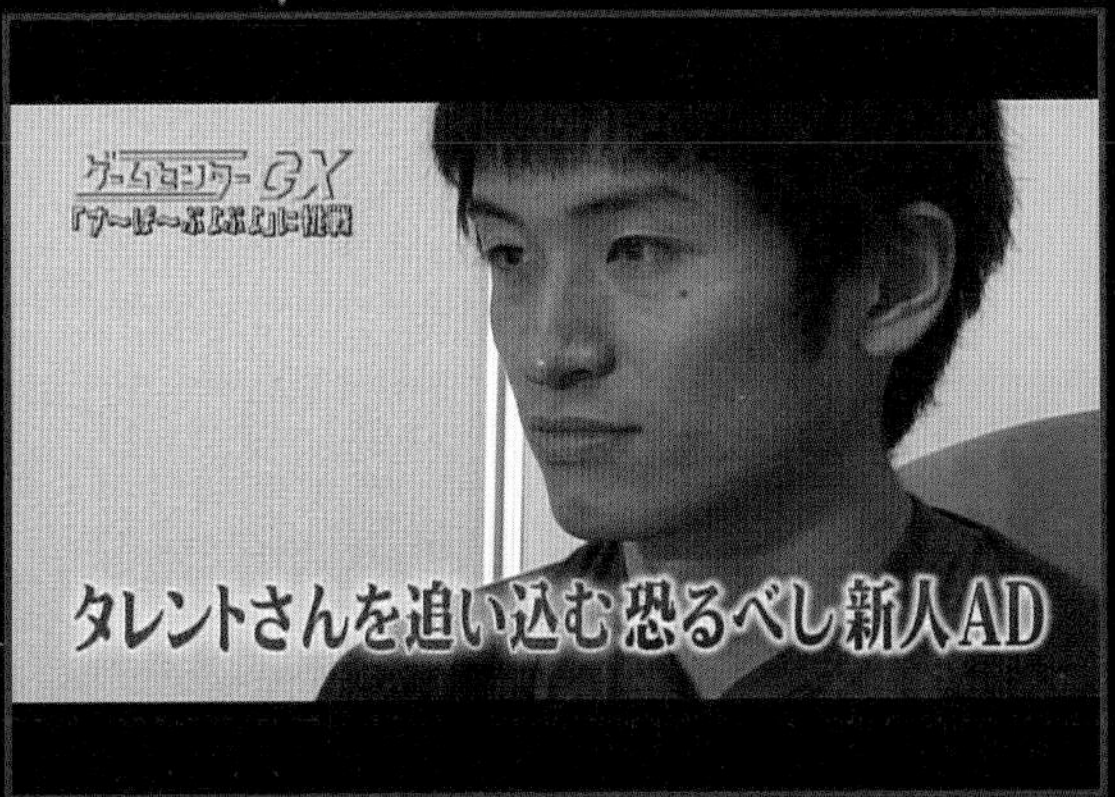
ゲームセンターCX
タレントさんを追い込む恐るべし新人AD

グレイシー）が対戦したら名勝負になるかもしれないのと同じで、どちらも全盛期だったら、ガチに激闘だと思うんですよね。どっちが勝つかわからないって感じだけど、人間は年を取るものですからね。

林　そうなんですよ。今回の企画って最後の決勝戦は直接対決してもらいますから、そういう意味では「いまの実力」「いま現在の最強」なんです。というのを考えると、高橋さんは現役バリバリなんですよね。

多根　全盛期のデータを比べるんじゃなくて、歳月が味方をするっていう。

林　あとはスタッフランキングも高橋さんのほうが圧倒的に上なんですよね。やっぱり、いま現在のランキングとしてスタッフが選んでも、高橋さんのほうが上なんです。なんで、ここは高橋さんの勝利で行きましょう。現役最強ということで。

ピンチのときに現われる「兄貴」

林　次は浦川さんと松井さんなんですけど……松井さん、ここに入ってるのが可哀そうな感じもしますけど（苦笑）。

多根　いや、松井さんもゲーム上手いは上手いんですよ。

林　松井さんの上手さって、どの辺なんですか？　松井さん、キチンとしてるっていう印象ですけど。我慢強い、という。

多根　確かに、我慢強く課長を支えてますよね。課長を誠実にサポートしてきた、というか。

林　課長をサポートしたり、ときには指導したりね。「松井ナビタイム」で（笑）。

多根　指導が上手いっていうか。名コーチですよね。

林　『ダビスタ』（＃161）とか、まさに調教ですもんね。だから、松井さんは調教が上手い人（笑）。それと浦川さんでしょ？　まあ、普通に考えて浦川さんでしょうね。

多根　そんな番狂わせはないよね。

林　なんで、まあ、ここは順当に浦川さんが勝ち上がり、と。次は中山さんと渡さんですね。中山さんはファンのランキングが高かったんですけど、中山さん、格ゲーは上手いって話を聞くんですよ。格ゲーだけは上手いって。でも、このあいだスタッフの方から聞いたのは「格ゲーは上手いんだけど、カメラの前に出るといきなりダメになる」と（笑）。

多根　中山さん、よく出てるのにね（笑）。

林　カメラの前ではポテンシャルを発揮できないらしいんですよ（笑）。対する渡さんは、スタッフからもファンからも評価が高いですよね。「兄貴」って呼ばれるだけあって、安定感ありますね。

多根　ご本人の人格も含めて。まさに『超兄貴』（＃220～221）をやってるんですよね。『超兄貴』って、おちゃらけてるように見えてガチのシューティングですから。あと、渡さんがサポートしてたあたりって、挑戦失敗して渡さんがエンディングを出してるゲームが結構あるよね。

林　ただ渡さんって、あんまりゲーマーな感じがしないんですよね。

多根　なんだけど、要所要所で重要なサポートはしてるんですよ。『超兄貴』のほかにも『SUPER魂斗羅』（＃235）とか。

ゲームセンターCX
「超兄貴」に挑戦
緊急事態にAD渡を呼び出す

林　『SUPER魂斗羅』やってるんだ！　すごいですね、ガチのゲーマーでも大変なのに。

多根　だから、本当の本当に課長がピンチなときに、やることをやってるというね。

林　確かに。渡さんが出てくるときって、本当にピンチのときですよね。スーパーサブっていうか、仕事人っぽいですよ。そうなると、やっぱり、ここは渡さんですかね？

多根　まあ、そうですね。

林　ていうか、中山さんが渡さんに勝つっていう姿が想像できないですよね（笑）。では、ここは渡さんの勝ち上がりで。次は、片山さんと小林さんです。

多根　小林さんは上手いけど、メンタルで片山さんに負けちゃうんじゃないですかね。

林　直属の先輩後輩ですから、ある種の師弟対決なんですけど、小林さん、勝てないですかね？

多根　単純に経験値も違うだろうし、片山さんが日頃のロケハンで易々とゲームを突破するのも間近で見てるでしょうから。

林　確かに、もう飲まれちゃってる感じはしますよね。みんなが散々苦労して「これどうしよう？」ってなってるとき、片山さんが出てきてササッと解いちゃうことがすごく多いって、スタッフの方も言ってました。だから、文字通りの「ポリス」ですよ（笑）。サポートＡＤの最終防衛ライン。

多根　道場破りが来たら出てくる、という。

林　「先生お願いします！」って（笑）。だから、本当に「片山ポリス」なんですよね。じゃあ、ここは、片山さんで決まりですね。

事実上の決勝戦？

林　いよいよ準決勝なんですけど、高橋さんと浦川さん。たぶん、これが事実上の決勝戦なんではないかと。スタッフアンケートも同数で第1位なんですよ。

多根　実際にはプレイするゲームのジャンルにも寄るんだけどね。

林　浦川さんだと、みんな言うのが『高橋名人の冒険島』（＃23）ですよね。「あれを最後まで解いたのはすごい」って。

多根　しかも浦川さん、過去にゲームをやった体験がほとんどなかったハズなんですよ。だから、どんなゲームが来ても順応できるところもあって、基礎能力が高いですよね。でも、それは高橋さんも同じで。

林　高橋さんの基礎能力の高さってすごいんですよ。高橋さん、何やっても上手いでしょ？　あと藤本さんのアンケートに書いてあったんですけど、さっきの小林さんの逆なんです。高橋さん、ゲームに関しては、まったく忖度をしないらしいんですよ。先輩でも平気で潰しに行く。高橋さんが若手の頃、藤本さんと『ウイイレ』で対戦したことがあるらしくて、そのときに高橋さん、藤本さんをボッコボコにしたという（笑）。

多根　あははは（笑）。

林　そういう躊躇とか、接待プレイみたいなことが、まったくできない。そういう新世代的な恐ろしさがあるんですよね。

多根　己の野生を抑えているんでしょうね。

林　そういう「いざとなったらやるな、この人」っていう感じはすごいあって。

多根　だから、最初は高橋さんと浦川さんは互角の戦いをしていると見せかけて、途中で「だいたいわかった」って、いきなり仕掛けていく感じ？

林　いや、格闘マンガ的にいうと最初は互角でやってるんだけど、実は高橋さんのポテンシャルは、さらに上を行くものだったっていう（笑）。

多根　スタッフも見たことのない高橋さんが、そこにいる（笑）。

林　誰も見たことのない高橋さんっていうのがいるんだと思うんですよ。たぶん、誰にも見せたことのないキラーなところがあるんだと思うんです、高橋さんって。それを本人すらも意識してないっていう底知れなさがあるんですよね。２０１１年に発売した単行本『ゲームセンターＣＸ Ｖ』に載ってる対談で、藤本さんは「浦川さんも上手い」という前提ではあるんですけど、「（いままでのＡＤの中で）ゲームが一番上手いのは高橋」って断言してるんですよね。

多根　あれだけ、いろんなＡＤを見てる藤本さんが言ってるわけだから、説得力はありますよね。

林　じゃあ、そういうところ込みで、ここは高橋さんにしましょうか？

多根　ですね。そうしましょう。

林　じゃあ、注目の対戦は高橋さんの勝ち上がりということで、続いては渡さんと片山さんですが。

多根　渡さんも上位にはいるけど、相手が悪いよね。

林　そうですね……渡さんと片山さん、どっちが上手いって、そりゃ普通に片山さんでしょって思いますよね（笑）。渡さんが片山さんをゲームで完封する姿っていうのが想像できないというか。タイプ的に全然違うんですよね。

多根　渡さんはピンチのときに出てきて名リリーフを行う印象であって、片山さんみたいに最初から最後まで安定して、危なげなくラスボスを倒すのとは違うよね。

林　渡さんがリリーフなのに対して、片山さんは先発完投型のエースみたいな？

多根　もちろんリリーフもチームには必要なんだけど、ガチで勝負したらエースが勝つ、みたいなね。タイプの違いですよ。

天然のサラブレッドと先輩の意地

林　じゃあ、ここは片山さんで……ということで、決勝進出は高橋さんと片山さんに決まったわけですけど、多根さん、どちらが勝つと思います？　決勝ではリアルにゲーム対戦してもらうわけですけど、高橋さん、直属の先輩である片山さんに行けるのか、という話だと思うんですけど。

多根　行けるでしょ。藤本さんですらヤッちゃったわけですから。

林　いや、順当に考えると高橋さんだと思うんですけど、個人的には片山さんに勝ってほしいんですよねえ。やっぱり、スタッフが言ってるのはすごいと思うんですよ。最強説がスタッフから聞こえてくるっていうのは、やっぱり見逃せない。ポリスですからね、それこそ（笑）。あとは『キン肉マン』的にいうとロビンマスクみたいなもんじゃないですか、高橋さんって（笑）。

多根　確かに、キレイなエリートが勝つのはちょっと……っていう（笑）。

林　天然のサラブレッドですからね、高橋さんは。

多根　選ばれしものが、そのまま勝つのは夢がない。

林　だから、ここは、ちょっと片山さんに頑張ってほしいなっていう。

多根　上下関係を気にしないで行く高橋さんと、片山さんの先輩としての意地が激突って感じなのかな？　でも、ホント、やってみないとわからないよね（笑）。どっちが勝ってもおかしくないと思いますよ。

NEXT　次ページより注目の決勝戦がスタート!!

AD-1 GRAND PRIX FINALS 決勝戦

大激戦となった決勝トーナメントを勝ち抜いたのは
“ミスター・パーフェクト”10代目ＡＤの高橋と、
“ロケハン番長”にして“ＣＸのポリス”９代目ＡＤの片山！
奇しくも連番となった、
この師弟対決を制するのはどっちだ!?

企画協力＝セガ

9代目AD 片山雄貴 VS 10代目AD 高橋純平

——今回スタッフとファンに「ゲームが上手いと思うADは誰ですか？」ってアンケートを取ったんですけど、高橋さんは両方ともトップだったんですよ。

高橋　やっぱり。

一同　（笑）

——ご自分でもゲームが上手いなって思いますか？

高橋　決勝には行くなと思ってました。

——あははは、マジですか（笑）。

高橋　並びを見たとき、僕以降のADたちは正直そんなに上手くなかったなっていうのがあって。最初のほう、笹野さん、浦川さんは一緒にやったことないというのもありますけど「浦川さんが上手い」って話は聞いていたので、そのあたりの方と決勝になるのかなと思ってました。

片山　俺も高橋が1位って書いたよ。

高橋　本当ですか!?　俺は片山さんが1位って書きました。正直、片山さんは僕の中でダントツ1位なんですよ。ちょっと次元が違うくらい。自分がやってるゲームでできないところをサッとやっていく感じが「これは勝てないな」と思うくらいの上手さだったので。

——片山さんは、とにかくスタッフ周りから「上手い」って声がすごいんですよ。

片山　ものすごい数をやりましたからね。そこで上手くなったのかもしれないです。

——今日は3戦勝負で、『ぷよぷよ通』『F-ZERO』『バーチャファイター2』をプレイしていただきます。一応、おふたりがサポートされた時代の代表作を1本ずつと、最後にどちらもやったことがない『バーチャ2』を選んだんですけど……高橋さんは『す〜ぱ〜ぷよぷよ』の回に出られてましたね（笑）。

片山　卑怯ですよ（笑）。これはおかしい。

高橋　僕にとっては有利です。

——となると片山さん不利かもしれませんが、ひとつお願いします！

片山　見せ場を作りたい。

——先輩後輩ですけど、そこは忖度なしで。

片山　さすがにわかるでしょ？　もう10年くらいこの業界でやってるんでしょ？

高橋　でも、まあ、でも俺のこともわかってますよね？　10年一緒に仕事してきて。

片山　10年経ったら成長したほうがいいよ（笑）。

——というところで、まずは『ぷよぷよ通』行ってみましょう！

ROUND 1
ぷよぷよ通

ジャンル：パズル
メーカー：コンパイル
機種：メガドライブ
発売日：1994年12月2日

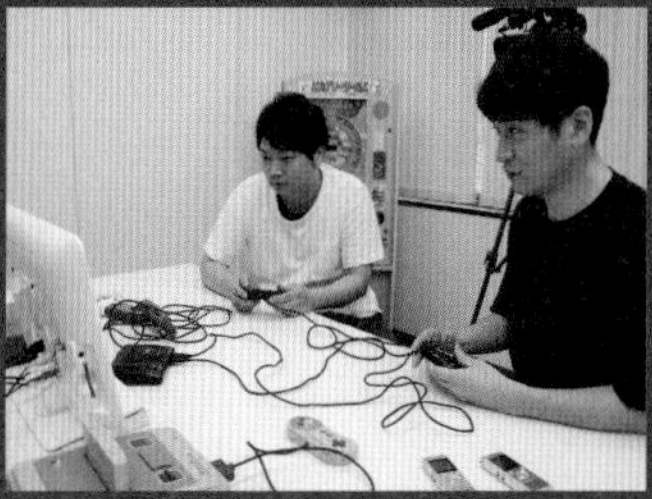

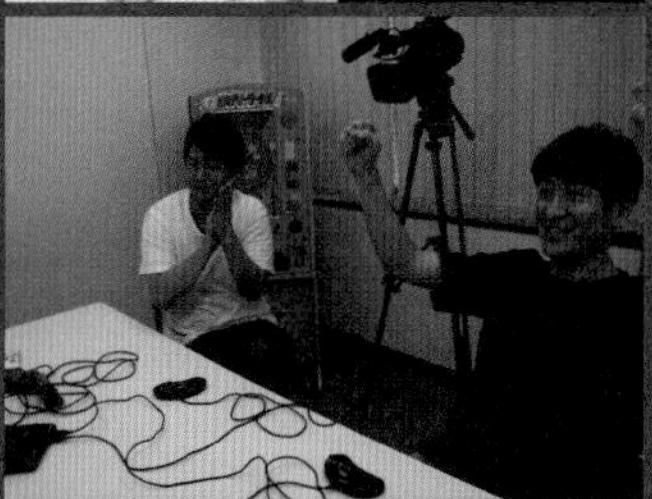

　メガドライブミニを使用して注目の3回勝負がスタート……と思いきや、なんと1回戦は開始早々、高橋の連鎖が炸裂！片山の「ちょ、ちょっと待って！」という声も空しく秒殺決着。「スピード勝負」（高橋）。しかし、実は片山も連鎖を狙っており「溜めすぎた……」ともらすなど、早くも達人同士によるハイレベルな対決となる予感。

　続く2回戦は一転して2分を超える大激闘。「有野の挑戦」の『す〜ぱ〜ぷよぷよ』には実装されていなかったシステム「相殺」も好勝負に拍車をかける。高橋はプライドをかなぐり捨てて「ちっちゃいの行っちゃえ！」と、ぷよを消しまくる作戦に。追い詰められた片山の「耐えて！耐えて！　ここ大事よ！」もむなしく、高橋は冷静に「勝ちましたね、これは」。その後、片山は相殺で活路を見出そうとするも、最後は高橋の狙いすました連鎖でゲームオーバー。3回戦を待つことなく、初戦は高橋の勝利となった。

ROUND 2
F-ZERO

ジャンル：レース
メーカー：任天堂
機種：スーパーファミコン
発売日：1990年11月21日

続く第２戦は高橋のサポートタイトル『F-ZERO』。勝負は「MUTE CITY」のタイムアタックで、先攻後攻を決めるのは第１戦を落とした片山。「後攻で！（高橋の走りを）見たい」。この判断は、後に大きな意味を持つことになる。

先攻の高橋、危なげなくノーミスの走りを見せて2分5秒78。しかし、ここで片山より「ターボの場所が違うんじゃないの？」「中盤のクネクネしたカーブは真っすぐ走ったほうが短縮できるんじゃない？」ということで、後攻の片山の走りがスタート。１周目が終わった段階で高橋の口からは「速いな……」。そして中盤のカーブで片山は、ダートをもろともせず突っ切ってみせた「なるほど！　確かに！」（高橋）。かつて苦楽をともにした、ふたりのロケハンを再現するかのような走りを見せた片山のタイムは……なんと2分5秒21!!　わずかに0.57秒差で、第２戦は片山が奇跡の勝利!!　勝負は第３戦にもつれ込んだ!!

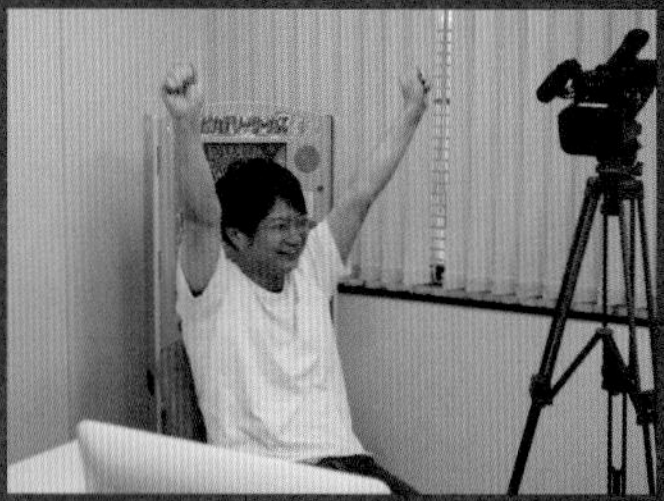

ROUND 3
バーチャファイター2

ジャンル：対戦格闘
メーカー：セガ
機種：セガサターン
発売日：1995年12月1日

雌雄を決する第３戦。「ショックから立ち直れてない」という高橋がセレクトしたのはLION。対して「流れは来てる！」という片山はAKIRAをセレクト。しかし、序盤から高橋LIONの技が片山AKIRAに炸裂、１回戦は秒殺で高橋の勝利に終わった。さらに片山の「高橋！（空気を）読んで！」という声もむなしく、２回戦も高橋の圧勝。

これで終了かと思いきや、あまりの高橋の圧勝っぷりに、急きょ２プレイ先取にルールを変更。迎えた２プレイ目は、片山JACKEYと高橋LIONの対決。

１回戦は敗れるも、なんと２回戦は片山の勝利。ギャラリー（広報・石井さん＆小川さん）も大盛り上がり。「めちゃアウェイになってるな」（高橋）。

しかし、片山の勢いもここまで。３回戦は危なげなく高橋の勝利に終わり、『バーチャファイター２』対決は高橋の勝利。全３戦となる決勝戦は２勝１敗で高橋の勝利に終わったのだった。

――優勝は高橋さんです！

高橋　やったー！　でも『F-ZERO』で負けるとは思わなかったですね、あんなにやったのに。この会社に来て一番やったゲームじゃないかな？

――あれが今日のハイライトでしたね。

高橋　作戦負けです。対決前に忖度の話が出てましたけど、『F-ZERO』はまったくそういうのなく、余裕で勝つだろうと思ってたんですけどね。

片山　それは恥ずかしいな。

高橋　ターボの使い方を間違ったという。負けてショックです。

片山　でも『バーチャ』が難しかったなあ。盛り上げ方がわからなかった。格ゲーはダメですね。

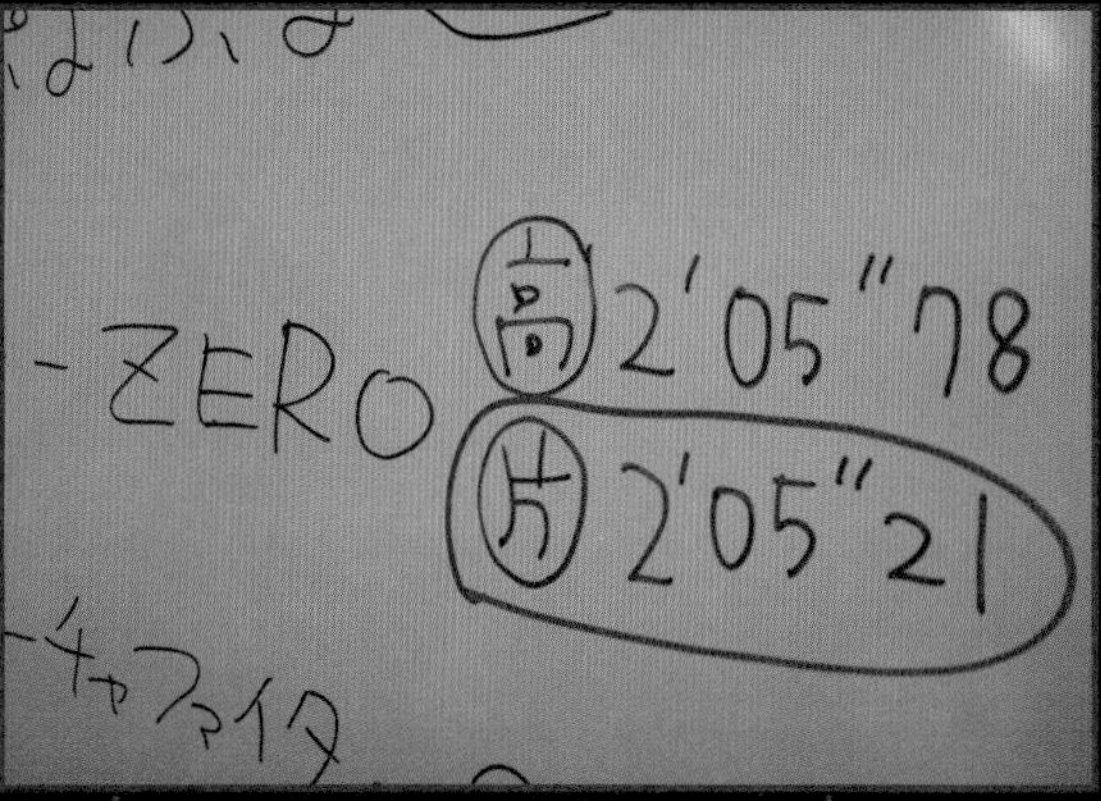

――「これだったら勝てた」みたいなのありますか？

片山　『パネポン』！　『パネポン』だったら勝てましたね。

高橋　2日ください。

片山　いや、2日どころじゃないくらいやってるから。あとはアクションゲームとかやりたいなあ。

高橋　アクションやりたいですね。片山さん、『マイティボンジャック』めっちゃ上手いですもんね。

片山　俺、全クリした。

――おお！　すごい！

高橋　マジで上手いです。片山さんは反射神経系めっちゃ上手いです。

――『マイティボンジャック』クリアした人って、なかなかですよ。偉大だと思います。

片山　偉大でした（笑）。

――これは余談なんですけど、ロケハンをしてるときって、ある瞬間に神懸かっちゃうみたいなときはあるんですか？　急にすっごい勢いでクリアできる瞬間とか。

片山　1回寝て起きたら上手くなってます（笑）。サイヤ人みたいな。「今日はもう無理だ！」「1回寝よう！」って起きたらリフレッシュされて、すごく上がります。

高橋　大事ですね。

片山　ロケハンのコツとかある？

高橋　僕は攻略の仕方を有野さんでもわかるように見つけるのを大事にしてます。

――有野さんでも？

高橋　たとえば『バーチャ』だったら「このブロックの1個分を先に行くと攻撃当たっちゃうんで」とか目安がはっきりわかるようにするので、攻略方法探しはすごく時間をかけます。小林とか、めっちゃ感覚的なんですよ。「これ、こうだから、こういけるんですけどね～」って言われても、有野さんはわからないじゃないですか（笑）。

――生放送の「トン・パッ・トォーン」みたいな（笑）。

高橋　そうそう（笑）。ああいうのは、やめるようにしています。わからないだろうなって。あとは挑戦ソフト選ぶとき、難しいもの選びがちって言われますね。「10何時間でクリアしました！」っていうのが好きなので。それをやってほしくて、とにかく会議で「このゲーム、めっちゃ面白いんですけど、めっちゃムズイです」ってプレゼンしてた記憶があります。

――片山さんはどうですか？

片山　有野さんが変なところにつまづくのは覚えてますね。「そこ用意してないよ！」っていう。

高橋　「そのルート行くの？」っていう。

片山　「なんでこれができないの？」って（笑）。いや、普通に行けば行けるんですけど、変な詰まり方をしちゃう人だな、と思いながらサポートしてたのは覚えてますね。

――片山さん、今日は負けちゃいましたけど、どうですか？　悔しいですか？

片山　悔しいというか、よく『F-ZERO』で勝てたな、と思って（笑）。

――そんな激闘を制した高橋さん、これは番組公式本の企画なんで、オフィシャルに一番ゲームの上手いADになったわけですけど。

高橋　人生のピークが来ましたね（笑）。

片山　有野さん、本が出たら絶対イジるでしょ？　「高橋、1位やな」って（笑）。

高橋　イジられますかね？　じゃあ、その返しを考えておかないといけないですね。

――あとは、ちょっとした負けが許されなくなる。

高橋　そこなんですよね。

――路上でケンカを売られても対応できる格闘家、みたいな（笑）。

高橋　ダメだ、仕事ができなくなる（笑）。ヤバいですね。

片山　いいじゃん。

高橋　でも、ありがたいです。

――というわけで、栄えある初代「AD-1 GRAND PRIX」王者となったのは10代目AD高橋さんでした！　おめでとうございます！

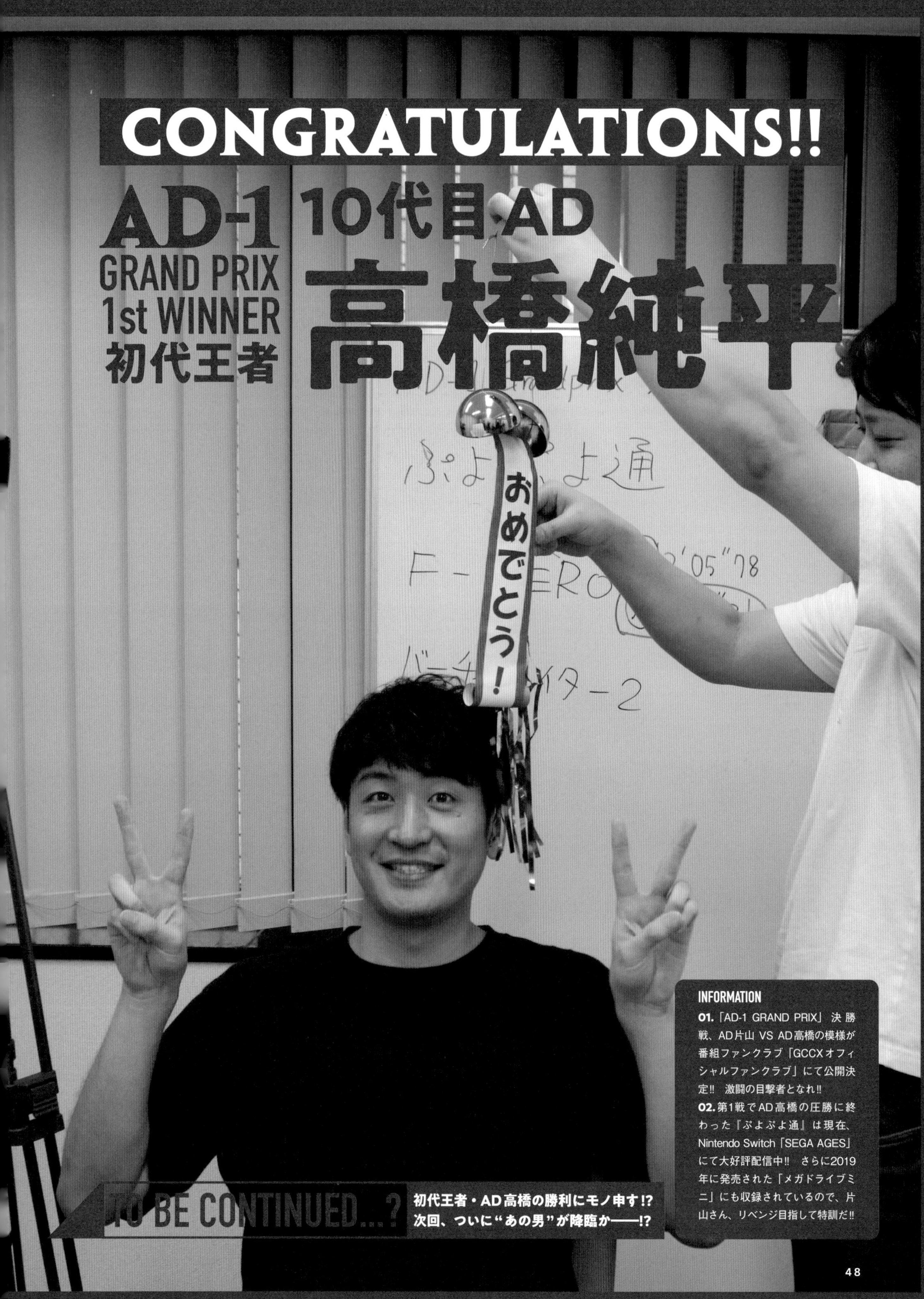

CONGRATULATIONS!!

AD-1 GRAND PRIX 1st WINNER 初代王者

10代目AD 高橋純平

INFORMATION

01.「AD-1 GRAND PRIX」決勝戦、AD片山 VS AD高橋の模様が番組ファンクラブ「GCCXオフィシャルファンクラブ」にて公開決定!! 激闘の目撃者となれ!!

02. 第1戦でAD高橋の圧勝に終わった『ぷよぷよ通』は現在、Nintendo Switch「SEGA AGES」にて大好評配信中!! さらに2019年に発売された「メガドライブミニ」にも収録されているので、片山さん、リベンジ目指して特訓だ!!

TO BE CONTINUED...?

初代王者・AD高橋の勝利にモノ申す!?
次回、ついに“あの男”が降臨か——!?

GCCX BOOTLEG

イラスト=サダタロー

激動の300分を終えて

文＝片山雄貴（ディレクター）

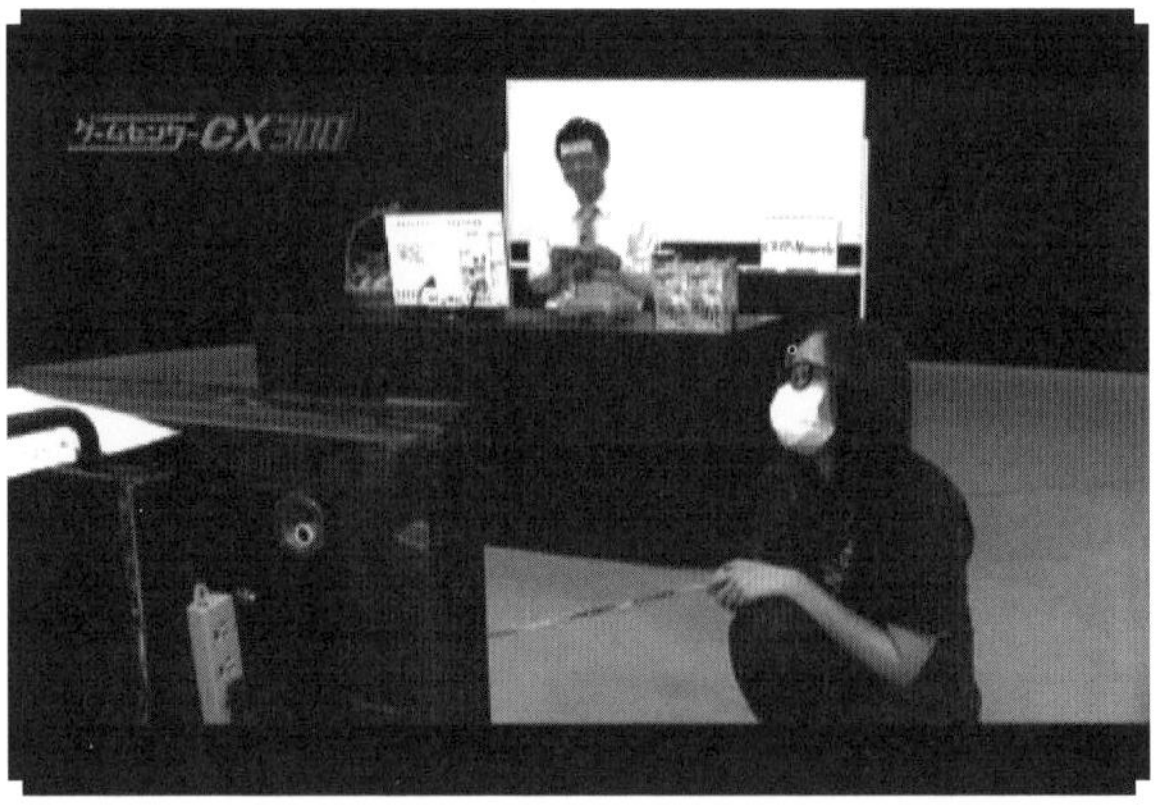

2020年6月21日21時38分、ありえないことが起こった。放送終了まで1時間30分を残し、『ナッツ&ミルク』をクリア。番組の展開を指示するサブに座っていた僕の頭の中は真っ白。

思えば準備段階から間違っていたのかもしれない。生放送1ヶ月前、『ナッツ&ミルク』が挑戦ソフトに決まった。

「レトロゲームっぽいからいいじゃん」

「ルートさえわかれば行けてたような……」

「5時間あったら行けそう」

40オーバーのスタッフたちが流行りのZoomで好き勝手言った会議の後に小林とふたりで実際にプレイ。初めてプレイした率直な感想は「無理じゃない？」。

10年ほど番組に関わらせてもらって、有野さんのゲームの腕前は熟知していたつもり。挑戦ロケの展開やクリア時間も大体想定できるようになっていた。それゆえのクリアへの絶望感。

これはマズいと思い、急きょディレクターを集めて分科会。実際にゲームをプレイすると「これは有野さん無理ですね」「8時間くらいかかるんじゃないですか」……いま思えば大変失礼な意見が次々と飛び出す。予想通り、満場一致の「いけなそう感」。

逆に、じゃあ、どうすればクリアさせられるかを考える。「早めに小林を投入してフリップで説明させよう！」「スキップする時間が無駄だからファミコンを2台用意して？」など様々な対抗策を練る。その過程で面白そうな企画も出てきた。浦川夫妻のサプライズ出演、中山さんの結婚報告コーナー、過去の挑戦ADがリモートでアドバイス！　などなど。いま思えば全部できたような気もするが……なるべく有野さんがプレイできる時間を作ろうと断念。

「これでもクリアできるか微妙だよね」

スタッフたちの一言でまた不安になった。それでも久しぶりの生放送。16年の歴史ある番組をなんとか成功させようと準備を進める。

そして迎えた生放送当日、すべてが想定外の展開が続く。スタッフがざわざわしている中、次々とラウンドを進めていく有野さん。サブで僕の横に座るTK（タイムキーパー）さんからお知らせが届く。

「ラウンド30、想定より1時間巻いてます」

いろいろな番組をやってきたが、初めて聞いた「1時間巻き」。もう展開を作るどころではない。流れのままに任せていた。有野さんがどんな難所に直面してもサポートできるよう準備してきたが、そのすべてを台なしにする、まさかの快進撃。気付けばスタッフの助けをほぼ必要とせずクリアしていた。

有野さんは、決してゲームが上手いわけではない……はず。大きなひとつの決まりごとが僕の中で変わろうとしていた。が、しかし、その後の『パネポン』のガッカリプレイで再認識。やっぱり、ゲームは上手くない。と同時に、新たな疑問が生まれる。「『ナッツ&ミルク』がクリアできて、なぜ『パネポン』ができないのか？」

終始パニック状態のまま生放送は終わった。

結果、僕は有野さんのことを、まだまだ理解できていなかったようだ。この生放送を通して、いろいろ勉強させていただきました。ありがとうございました。あと、ここだけの話ですが、生放送恒例のオープニングコントで藤本さんが「V行って！」のセリフを忘れていました。あんなに気合いを入れていたのに……。思えばこれが予兆だったのかも。

『ロックマンX』と南の学生

文＝松井 現（ディレクター）

学生の頃、よく遊んでいたゲーム『ロックマンX』。

主人公エックスが、反乱を起こしたロボットを倒していくゲームなのですが、8体のボスがいるステージを、どの順番で攻略するかはプレイヤーの自由。ボスの弱点をつく武器を手に入れて倒していくこともできるし、初期装備のエックスバスターだけで倒していくこともできます。

サポートADをしていた頃、いつか有野さんが『ロックマンX』に挑戦したらいいなと思い、会議ではたびたび挑戦ソフトの候補として挙げていました。

しかし、選ばれることなく、僕はサポートADの役割を終えて別番組へ異動となりました。

小さな会議室から一転、大きなスタジオ。めまぐるしく環境が変わる日々。ふとフジテレビのモニターを見ると、『ロックマンX』のゲーム映像が。そして、その映像とともに見覚えのあるひとりの男。

実は、僕が異動した直後に、有野さんが挑戦したソフトが『ロックマンX』だったのです。

せっかくなら、サポートADをやっているときに挑戦してほしかったな。そんな思いを抱きつつ、時は流れて２０１８年。僕はチーフADとして『ゲームセンターCX』に戻ってきていました。

番組15周年を迎える第22シーズン。記念すべき1発目を飾るソフトとして『ロックマンX2』が候補に挙がりました。

『ロックマンX2』は、『ロックマンX』シリーズの中で僕が一番やり込んだソフト。

前作『ロックマンX』で、エックスを助けるために犠牲となった親友ゼロが敵として復活し、エックスの前に立ちはだかります。でも、このゲームは攻略の仕方によっては別の展開もあって、何度プレイしても楽しめるんです。

挑戦ロケの事前の打ち合わせで、僕が『ロックマンX2』のプレイ経験があることが伝わると、サポート役を任されることになりました。

そして、僕はロケ当日、「南の学生」として、学生服を着て有野課長をサポート。至らない点も多々あったかもしれませんが、2日がかりで見事エンディングを見ることができました。自分が学生の頃に遊んでいたゲームを有野さんに挑戦してもらうのはすごく嬉しかったのですが、なぜ学生服なんだ……。

夜遅くにロケが終わったので紹介できなかったのですが、『ロックマンX2』には面白い裏技があって、ある条件を満たすとエックスが昇龍拳を出せるようになります。カプコンならではのコラボ技で、『ストⅡ』ファンも『ロックマンX』ファンも、それ以外の方も、一見の価値があるので是非チャレンジしてみてください。

ちなみに、『ロックマンX』では波動拳、『ロックマンX2』では昇龍拳となれば、『ロックマンX3』では、まさか……と気になるところですが、いつか有野さんが『ロックマンX3』に挑戦する日が来たら明らかになる……かもしれません。

ラリホーにかけられて

文＝福富ミカン（AD）

人生で初めてコラムを書くことになり、締め切り当日のいま、何を書けばいいのか悩んでおります。支離滅裂な文章になるかと思いますが、最後まで読んでいただけたら嬉しいです！

ということで、改めて『ゲームセンターＣＸ』について私なりに振り返ってみます。私はＡＤになって丸３年が経ちました。この３年間でたくさんの経験をさせてもらいましたが、いまでも強烈に印象に残っているのは『ドラゴンクエスト』の回です。

ＲＰＧということもあり、その日の収録はレベル上げをする時間が多く、会議室はゲーム音と有野課長が操作するコントローラーの音のみが響いていました。最初はゲームに集中してみていたのですが、だんだんとその音が心地よく聞こえてきて、まぶたが重くなってきました。

ふと目を開けるとみんなの視線が私に集中していました。「やってしまった！」頭の中は大パニック！

収録中に寝てしまった、それだけでも大変失礼なことですし、ありえないことだということは新人の私でも容易にわかりました。どうにかしなければと思ったとき、有野課長から「ラリホーかかった？」と声をかけられました。その瞬間、会議室内にはスタッフの笑い声が響きました。とりあえず謝らなければと思い、「すみません」と言うと「謝られるほうがショックです」と有野課長からの返しが。その答えでさらにスタッフの笑い声が大きくなり、私のやってしまった出来事が有野課長のひとことで笑いに変わったのです。

その後は、有野課長のミラクルで無事にエンディングを見ることができました。

収録の後、担当ディレクターの高橋ディレクターに謝りに行くと、「面白くなったから大丈夫だよ」と言っていただき事なきを得ました。改めて、いちスタッフのミスをあのように笑いに変えられる有野課長はすごいなと思いました。

その年の秋葉原イベントでは「ラリホーにかかったＡＤ」として、ファンの方々に認識していただき、ある意味いい思い出になりました（笑）。

以上、私の印象に残っている回についてでした！

あともうひとつだけ、有野課長との会話で印象に残っていることを。

入社して初めてのたまゲーロケのときに、私の名前について有野課長と話していました。いままでの人生で何度も名前について聞かれることがあったので、そのときもいつもの感じで「なんでミカンって名前なの？」「兄弟、親戚にくだものの名前の人いるの？」などそういう質問を想定していたのですが、有野課長から聞かれたのは「なんで晩白柚《ばんぺいゆ》にしなかったの？」でした。「え？　晩白柚？」初めて聞く言葉に戸惑いつつ、晩白柚をスマホで調べるとめちゃめちゃ大きい柑橘類でした（笑）。

「今度、親に聞いてみます」と答えたのですが、いまだになんと答えるのが正しかったのかわかりません。

ありがとうコウちゃん

文＝鈴木良尚（ディレクター）

恥ずかしながら僕の家庭は母子家庭でお金がなく、ゲームをあまり持っていませんでした。しかし、僕の幼少期はゲームで遊んだ楽しい記憶で満たされています。それはなぜか？

それは幼なじみのコウちゃんの存在があったからです。コウちゃんの父はイタリア料理店を経営する社長さん。そのため彼はいつも最新のゲームを持っていました。

なんとなく社長の子どもというとスネ夫みたいな印象を持たれるかと思うんですが、コウちゃんは違いました。穏やかでいつも静かに笑いながら、僕がひとりプレイするゲームを見ている、そんな少年でした。

ゲームを持っていない僕はコウちゃんに甘えまくります。いま考えるとめちゃくちゃ迷惑なガキなんですが、週6くらいで家に遊びに行ってはふたりでゲーム三昧。コウちゃんの家は行くたびにゲームが増えているので、クソガキにとってはまさに天国でした。

普通そんなに家に来たら嫌にもなると思いますが、コウちゃんはいつも優しく迎え入れてくれました。『スーパーボンバーマン』ではルーイの卵が出ると「こっちに卵出た！　取っていいよ！」と譲ってくれ、『ロックマンX』では「そこにパーツあるから取って！」とすべてのパーツの位置を教えてくれる。僕がゲームに興味を持てたのは、間違いなくコウちゃんの存在があったから。初めて出来た親友でした。

しかし小学校を卒業するとコウちゃんは私立の中学に進学、学校で会うことはなくなりました。当時はPS2が発売されゲーム業界も盛り上がっていた時期。僕も例に漏れず『メタルギアソリッド』や『鬼武者』などを遊び倒していました。

そして中学3年生、15歳のとき。駅前を自転車で走るコウちゃんを見つけたのです。

「コウちゃん！」

「おお！　久しぶり！」

ニキビが増えていたものの、ルーイを譲ってくれたあのときのままの笑顔がそこにありました。近況を話し合い3年ぶりにコウちゃんの家に行くことに。

僕には話したいことが山ほどありました。当時死ぬほどやり込んでいた『メタルギアソリッド2』の話。家に着くなり「『メタルギア2』やった？　俺エクストリームモード、ノーキルでクリアしたよ！」。コウちゃんは「へ？」と一言。やっていないのかと思い話題を変えました。「『鬼武者2』は？　俺全クリしたよ！」「ああ、うん」『鬼武者』もダメか。「音ゲー好きだったから、そっちかな？」そんなことを考えていると、コウちゃんが突然口を開きました。

「あのさ、もう、おっぱい触った？」

僕は一瞬、何を言われたのかわからなくなってしまい、急にその場にいるのがいたたまれなくなり、逃げるように彼の家を後にしました。もうコウちゃんの興味はゲームにはなくなっていたのです。15歳の多感な少年であれば当然のこと。しかし当時の僕は、その現実を受け止めることができませんでした。結局コウちゃんと会ったのはそれっきり。あれから15年以上経ちますが一度も会っていません。

でもコウちゃんと一緒にゲームをプレイした幼少期があったから、ゲームを好きになれた。ゲームを好きになれたから『ゲームセンターCX』に携われた、僕はいまそう思っています。僕にとってゲームとは楽しい思い出と、少し寂しい性の目覚めを教えてくれたまさに青春でした。

コウちゃん、コウちゃんのおかげで、いまゲームの番組やれてるよ。ありがとう。

誰も知らない武道館のミノワマン

文＝野田大輔（松竹芸能）

2013年11月5日、この日僕は11時前に九段下で電車を降りて、武道館に向かっていた。

2006年に奈良から東京に出てきて7年経っていたが、武道館を訪れたことはなく、僕の中では24時間テレビのマラソンのゴールというぐらいの認識の建物だった。

そんな武道館で僕は「ゲームセンターCX 有野の挑戦 in 武道館」という『ゲームセンターCX』10周年記念イベントの5番勝負の最後に『ストリートファイターⅡ』で有野課長と対戦することになっていた。

当時、僕はよゐこではなくTKOという芸人を担当していた。武道館での挑戦の当日は、TKOの現場が16時に終わるので、17時前に会場に入り、18時半に開演というスケジュールだった。

しかし前日に当時のよゐこの現場マネージャーの大友から「ディレクターの藤本さんがTKOの現場に行く前に2時間ぐらい時間を作ってほしいって言ってます」という連絡が入り、急遽11時に武道館に行くことになった。

僕は『ストリートファイターⅡ』で有野さんと対戦することになっていたので、練習かなと思いつつ、でも2時間も練習してもなーとか考えながら、武道館への坂を歩いていた。

武道館に到着し、藤本さんに挨拶をすると「これ、見て」と言われたのはプロレスラー・ミノワマンのインタビューと入場シーンの動画だった。

「ミノワマン、カッコいいやろ。だから野田にはミノワマンの入場パフォーマンスやってほしいねん。いまから練習や！」

そこから2時間、猛特訓が始まった。

「違う！　もっと斜めに切るんや！」

「手の角度が違う！　あー指の角度もおかしい！」

「切った後の踏み込みの角度が甘いねん！」

それまではディレクターさんとマネージャーのビジネスライクな関係だったのだが、この日の藤本さんは鬼軍曹と化していた。踏み込みを繰り返した僕の太ももは乳酸でいっぱいになったのかパンパンになってきていた。ふと、時計を見るともう13時だった。

『ストⅡ』のブランカの練習もしたかったが、それよりミノワマン。

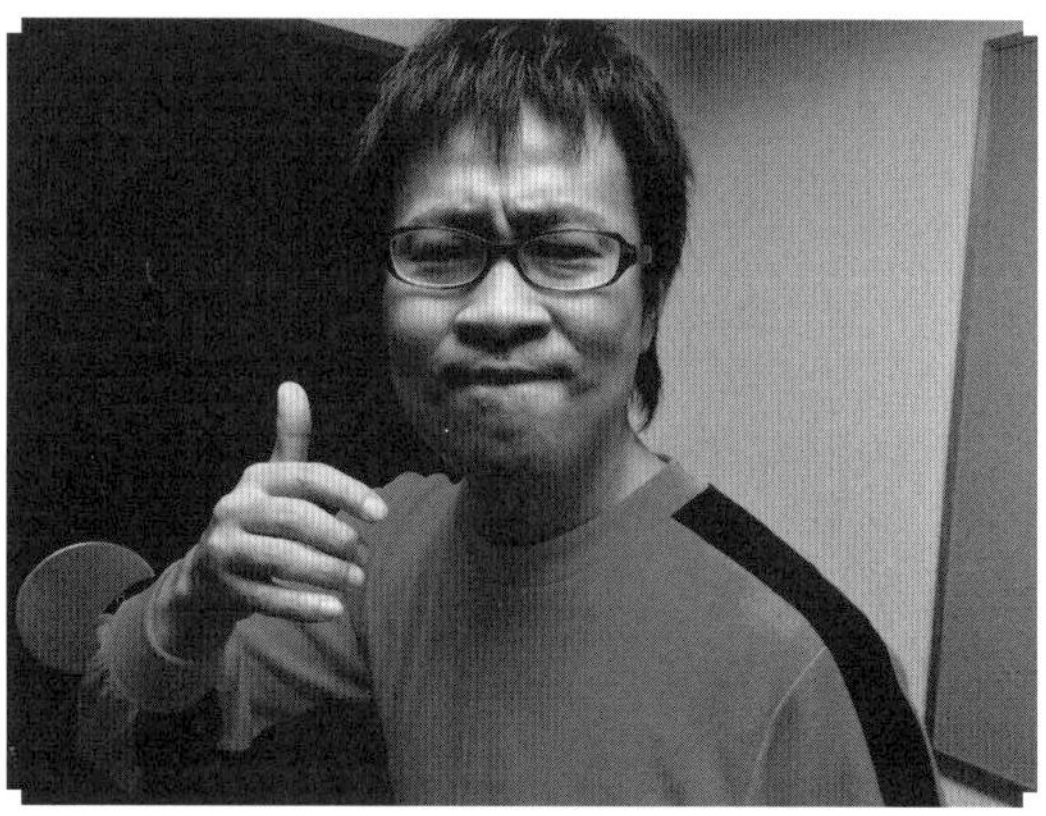

その後、TKOの現場に行ったが、もう頭の中はミノワマンでいっぱいだった。ミノワマン VS 桜庭和志の動画で入場シーンの復習。この試合の結果どうやったっけ？　こんな結果かー。そういや桜庭の試合ってよく見てたなー。グレイシー一族とかヴァンダレイ・シウバとの試合とか興奮したなー。あっ、シウバの入場曲ってカッコいいな。ノゲイラの関節技って芸術やったなー。

……ミノワマンの復習しないと。

結局、ミノワマンの入場パフォーマンスの復習はほとんどできず、武道館に戻ってこれたのが、開演直前の18時半ごろ。「衣装はこちらです」と渡されたのはブルース・リーの黄色の衣装だった。この衣装でミノワマンの付け焼き刃の登場パフォーマンス

郵便はがき

お手数ですが
切手を
お貼りください

160-8792

184

東京都新宿区愛住町 22
第3山田ビル 4F

(株)太田出版
読者はがき係 行

お買い上げになった本のタイトル：

お名前　　**性別**　男・女　　**年齢**　　歳

ご住所　〒

お電話

e-mail

ご職業

1. 会社員
2. マスコミ関係者
3. 学生
4. 自営業
5. アルバイト
6. 公務員
7. 無職
8. その他（　　　）

記入していただいた個人情報は、アンケート収集ほか、太田出版からお客様宛ての情報発信に使わせていただきます。

太田出版からの情報を希望されない方は以下にチェックを入れてください。

□ 太田出版からの情報を希望しない。

本書をお買い求めの書店

本書をお買い求めになったきっかけ

本書をお読みになってのご意見・ご感想をご記入ください。

＊ご投稿いただいた感想は、宣伝・広告の目的で使用させていただくことがございます。あらかじめご了承ください。
＊太田出版公式HP（http://www.ohtabooks.com/）でもご意見を募集しております。

をして、会場にいる7000人に伝わるのかな……。

そんなことを考えていると、時間はどんどん過ぎて行き、あっという間にスタンバイの時間になった。扉の前に立つと、中から大歓声が聞こえてきた。有野さんが『ダビスタ』で勝利したのだ。この大歓声を聞いた瞬間、素人が7000人の前にブルース・リーの黄色の衣装でミノワマンで登場することに対する恐怖が一挙に湧いてきて、気を失いそうになった。それまでの人生での緊張のピークはセンター試験を受ける直前だったが、その1000倍の緊張。後輩である大友はそんな僕を見て、ゲラゲラ笑っていた。しかも『ダビスタ』で有野さんが勝利したことにより5番勝負の通算が3勝1敗となり、この後の僕とのブランカ戦は消化試合になってしまった。どうすればいいのかわからず、菅さんと藤本さんにインカムで聞いてもらったが返事はなく、緊張がどんどん増していく。

そんな中、急に扉が開き、考えがまとまらないまま僕は武道館の中に飛び出した。その瞬間、ホールの大きさ、お客さんの熱気、武道館の歴史、すべてに圧倒された僕は、いつの間にかミノワマンになりきって、花道を進みながらお客さんとハイタッチしていた。僕のことなんか誰も知らないのに。ハイタッチに付き合っていただいた方、その節は本当にありがとうございました。

舞台に上がってからのことはほとんど覚えていなくて、コントローラーを持つ手が震えてたなという記憶だけ。すぐに出番は終わり、裏に引っ込んだのだが、あの舞台をひとりで背負っていた有野課長の偉大さを改めて感じた時間だった。有野さん、「なんでそんなとこでやられんねん！」とか「ジャンプのタイミングが早いねん」とか、いつもモニターを見ながら偉そうに陰でツッコんですみません。

5年後、15周年記念イベントの幕張メッセのステージは、緊張も何もなくエンディングでこっそり登壇させてもらいました。

20周年のイベントでも、何かしらの形で携わりたいなー。

新しい生活様式と何も変わらないオタ活の日々

文＝酒井健作（構成・企画）

歴史的な時代の転換期となった令和２年。『ＡＫＩＲＡ』の時代に追いついた２０２０年。作中と同じく東京オリンピックが行われるのかと思いきや、まさかの中止。エンターテインメント界も目まぐるしい。折しもこの春からテレビ視聴率指標も大きく変わり個人視聴率やファミリー層に重きを置くということに。バラエティ界では笑いの巨人・志村けんさんが逝去。一方で「お笑い第７世代」が席巻するという現象が起こっている。

思い返してみれば平成元年には手塚治虫、美空ひばりという巨人が去った。『オレたちひょうきん族』が終了し『夢で逢えたら』が全国ネットになったのも同じ年。ダウンタウン、ウッチャンナンチャン、そしてとんねるずが「お笑い第３世代」と呼ばれ時代が変わった。平成が終わり令和が始まった１年目で文字通り時代は変わり、人々の価値観までも変わったように感じる。「新しい生活様式」の中で生きていかねばならない新時代。

しかし僕自身のオタク活動（以下、オタ活）は平成はおろか昭和とまったく変わらなく続いている。変わっていくモノと不変のモノ。このオタ活は命が尽きる、その瞬間まで続くのだろうか？　一体なんのためにやってるのか？　本能的な衝動なのだろうか？　答えは出ない。今回、このブロックに何を書こうかと思ったときに「時代の変わり目の何も変わらないオタ活」でも記しておこうかと。このことに興味がある人がいるのか？　いないのか？　何のことを書いているのか？

わからない人もいるかもしれませんがご容赦ください。

最初は「エヴァックリマンシール」。『ビックリマンチョコ』と『エヴァンゲリオン』のコラボシール。さすがに全種類コンプはもうやらないが、開封する度にテンションがあがる。ビックリマンシールのデザイナーが描いたエヴァキャラ。両作品とも同じくらい好きな僕としては夢すぎるコラボ。これまで『キン肉マン』や『北斗の拳』、『ガンダム』、『進撃の巨人』、『スター・ウォーズ』とそれぞれザワついてきたが、エヴァはかなり好き（ちなみに『スター・ウォーズ』はディズニーのキャラをビックリマンデザイナーが描くということに感動！　裏面にはディズニーのロゴが！）。

続いてＤＶＤ。ブックオフで購入した『ＲＥＸ 恐竜物語』（１９９３年）。スピルバーグの『ジュラシックパーク』と同時期に公開された恐竜モノ。ストーリーはここでは触れないが、この映画の恐竜制作にはカルロ・ランバルディという名がクレジットされている。『キングコング』（１９７６年）のクリーチャー制作、そして『エイリアン』（１９７９年）の頭部造型！　極めつけは『Ｅ．Ｔ．』（１９８１年）造型！　伝説的クリエイターが作り上げた恐竜がミサンガをつける！　ポテトチップスを食らう！　そして安達祐実と踊る！　特撮好きとして２０２０年までスルーしてしまったことを反省しました。

そして食玩、２００４年にバンダイから発売された「キャラエッグ ウルトラマンシリーズ」。ステイホーム中に自宅を片付けていた際に発掘。チョコレートカプセルの中にフィギュアが入っているシリーズだがラインナップがマニアックすぎてたまらない。読まれている方にどこまで伝わるかはわかりませんが一見入っているのは定番のメジャー怪獣に見える。しかしそうではない。

『ウルトラセブン』に登場したメトロン星人ではなく『ウルトラマンエース』のメトロン星人ジュニアというように、ベムスターじゃなく改造ベムスター！　ベロクロンじゃなく改造ベロクロン二世！　エレキングじゃなく再生エレキング！　メフィラス星人じゃなくメフィラス星人二代目！　その造形もカッコ良くない感じまで忠実に再現されている！　なぜこんなラインナップに？　憶測の粋は出ないが、このバンダイの企画者がマニアックな怪獣ラインナップを上司に報告したところ「もっとメジャーな怪獣にしろ」と叱られ「ならば！」と「一見メジャーな名前だけどよく見たら超マニアックな怪獣」を忍ばせたのではないだろうか？（すべて妄想）。もしそうだとしたら、その想い、完全に届いています！

時代の転換期のオタ活はまだまだあります。ハードディスク内の『相棒 18』の「逆五芒星事件」の南井（伊武雅刀）の結末、毒婦・遠峰小夜子（西田尚美）再登場の回も最高すぎ。小説は帯書きで即買いした大沢在昌『帰去来』。その帯には「警視庁捜査一課の女刑事が、光和 26 年のアジア連邦・日本共和国・東京市にタイムトリップした」って好きすぎる。まだまだあるけどきりがないのでこの辺で。

ゲームセンターCX 15th 感謝祭
有野の生挑戦
リベンジ七番勝負
有野 晋哉 様
2018.10.27-28 幕張メッセ国際展示場4-6ホール

有野の生挑戦
ゲームセンターCX
15th Anniversary
2018.10.28
in Makuhari Messe

GCCX
ありの
かちょー
がんば

ゲームセンターCX15th感謝祭
有野の生挑戦 リベンジ七番勝負
生挑戦イベントが開催決定!
有野課長が幕張メッセの大舞台で
開催日時:10月28日(日) 12:00～18:00
場所: 国際展示場4-6ホール
主催: ホットスタッフ・プロモーション

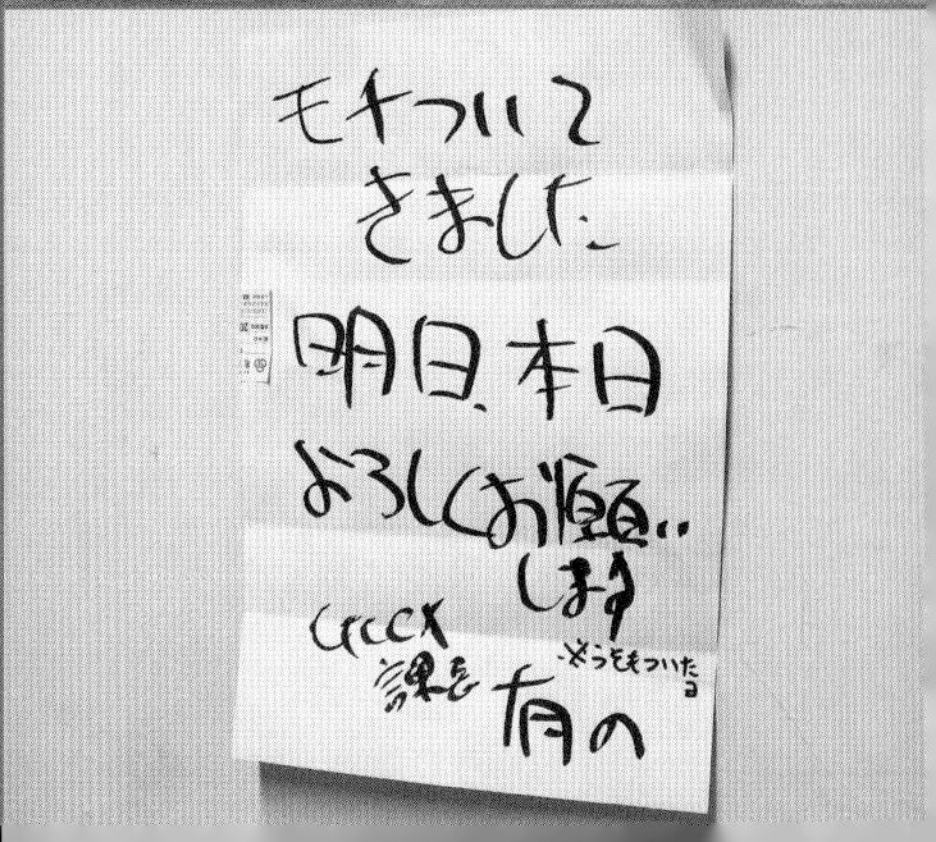
モチついて
きました
明日、本日
よろしくお願い..
します
GCCX
課長
有の

ゲームセンターCX 15th 感謝祭
有野の生挑戦
リベンジ七番勝負

ゲームセンターCX 15th感謝祭
有野の生挑戦 リベンジ七番勝負

2018年10月28日（日）幕張メッセ国際展示場にて

PLAYBACK

イベント終了2分後の有野課長を直撃!!［完全版］

2018年11月発売『CONTINUE』Vol.56に掲載した、幕張イベント終了直後のインタビュー。しかし、そこには「ネタバレNG」につき掲載できない部分が大量にあった──。というわけで、史上最大の挑戦を終えた有野課長、正真正銘の第一声をノーカット、完全版でお届けします!!

文＝編集部・林　写真＝松崎浩之、登坂未来

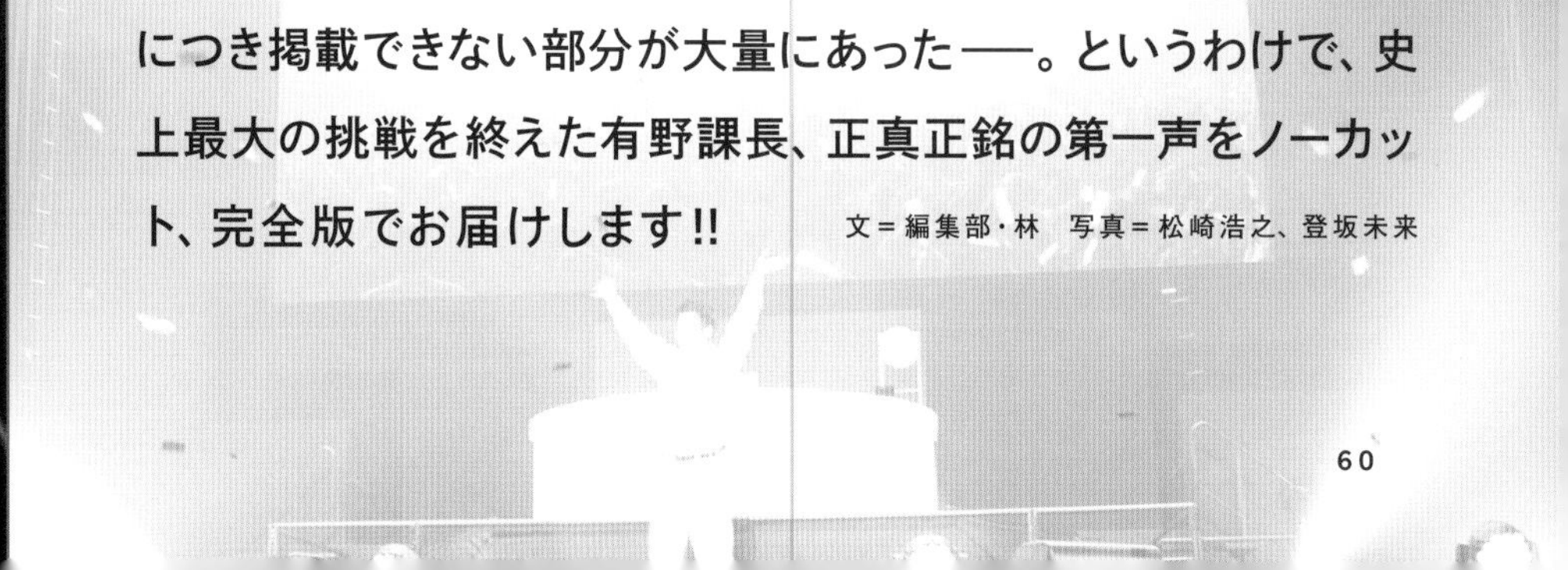

――有野課長、本日は4時間の長丁場、お疲れ様でした！

有野　お疲れ様でした！

――ステージを終えた第一声をいただければと思うんですけど、いかがですか？

有野　えーっと、最後のね、ポピキンスキー勝ちたかったなあ、と。

――勝ちたかったですねえ。

有野　勝ちたかったですねえ。

――あれ、ピストンで負けるというのも面白いなあ、とも思ったんですけど（笑）。ポピンスキー行っちゃったから、勝ってほしかったですね。

有野　そうなんですよね。課長も1万人もみんなそう思ってたやろね。

――勝てそうな感じもありましたけど。

有野　菅さんは「ピストンに負けたらそこで終わりですよ」と言ってたから、「負けたほうがええのかなあ？」と思ったんですけどね。でも、純粋に勝てそうやったんですよ。でも、勝てなかったんですよね（笑）。ポピンが年々強くなってる。

――やっぱり、終わって一言っていうと、そんな感じですか？　とりあえず「勝ちたかったな」っていう。

有野　そうですね。勝ちたかった！　もう、舞台からここ（控室）に来るまでの間にも「また20周年のときはポピンスキーをやりましょうね」って石田プロデューサーから言われたから。労いの前に、もう5年後の話！

――あはは、早くも（笑）。

有野　「布石はできましたよ」「回収していきましょう」って（笑）。あと、阿部さんに『ボンバーマン』で負けたのは悔しいなあ。

――ああ、負けましたね（笑）。

有野　悔しかったですね。「ドクロ取るルールにしようぜ」って言い出さへんかったら良かった。でも、メッセ初のドクロ取るルールやろね。

――僕は前日夜のリハーサルから取材してたんですけど、リハでは、ちょっと不安な感じがしてて。

有野　あら、そうなんや。まだゲームのセッティングできてなかったんじゃないですか？　前日はモニターのチェックの日やからね。

――だから「明日、大丈夫なのかな？」って思ってたんですけど、今日はすごく良くなってて。音響も抜群に良くなってましたね。

有野　抜群でしたね。でも、ステージで歌ってるの全員素人ですよ（笑）、メッセやのに。

――ゲームの音も反響して「大丈夫かコレ？」って。でもスタッフさん、すごく頑張ったんだなあって。「剣を抜け！」も良くなってましたよね。

有野　昨日のリハーサルでは、「もっと目線を上に！」とかダメ出しされてましたからね。有野課長のリハは1回こっきりで、「そこ短めでー」って。ＶＴＲも「流したとして」すんげー短く進んでたんで、どんどん短縮して早く帰って明日の準備かなと思ってたら、「剣を抜け！」のリハを2回もフルでやったんですよ（笑）。本番は火柱も上がってた！　そんな特殊効果あるって、課長は知らんかった。

――1回目のリハが終わったとき、菅さんの「お前ら、本気でやれよ！」っていう怒号が飛んで、なかなか緊張感ありましたよね。

有野　何のプロデューサーやねんって。たっぷり時間取ってるけど、何これって（笑）。スタッフ、ずっとセットの裏で踊ってるしね。結構、ステージとしては余裕があったんでしょうね。歌のダンスの練習してるスタッフって珍しい。

――その甲斐あって、本番はカッコ良かったですね。

有野　カッコ良かったですか、アレ⁉（笑）

――カッコ良かったですよ（笑）。僕、後ろの席のほうで見てましたけど、お客さんがメンバーに合わせて「ＭＡＸ！」とか叫んでましたから。

有野　それは嬉しいですね（笑）。裏の制作陣、みんな大爆笑だったですけど。

――ステージの裏にあるスタッフさんが集ってるデスクですよね。そこで僕が取材してるときに機材トラブルが発生したんですけど、みなさん、案外のんびりされてて（笑）。井上さんと話したら「思ったより、みんな動揺してないですよ」って。むしろ取材してる僕のほうがオロオロしてたんですけど（笑）。

有野　レトロゲームやってるから、いままでも何回かありますよ。本番前に「こうなったら、こうやる場合もあります」「こうなったら、一旦飛ばします」とか、常に不具合の準備はしてますからね、スタッフは。でも1戦目の不具合は予想してなかった！　焦ってたねースタッフ。面白かったー。ＤＶＤが楽しみです。

――さすがに15年の蓄積ですかね、その辺は。余裕があるっていうか。

有野　でも、5年前の武道館のときに、舞台上のイスとテーブルはいつもの挑戦部屋の高さにしてくれてるんですよ。でもステージが高いから、前のほうのお客さんから全然顔が見えないとなって。じゃあ、ちょっとイスの下に箱を足そうってなったことがあったのに、今回のメッセでも、やっぱり同じミスがあって（笑）。結局、変な高さでやってる。

――そこは進歩してないんですね（笑）。

有野　「これ前も言うたで、武道館のときも」って（笑）。同じでしたね。

――あと、すごい笑ったのが、リハでも「茶番入りまーす」って言われてた、オープニングの寸劇がなくなりましたね（笑）。

有野　生放送ではいっつもやってるオープニングのね（笑）。それは書いていいの？

――あの「茶番」が幻の企画になったっていうのが、すっごい面白くて（編集部註・イベントの台本ではオープニング前、ステージ裏のスタッフによる「慌ただしく準備中」→「本番始まってる！」→「ＶＴＲ行って！」という一連の寸劇が行われる予定だった）。僕、台本を見て、あの寸劇自体がＶＴＲだと思ってたら、本当にステージの裏で藤本さんとかがやるとは思わなかったんですよ。リハもだいぶ寒い出来だったですけど（笑）、さわやかに幻の企画になってて、今朝、大笑いしたんですよ。

有野　あれ、やらなくて良かったと思いますよ（笑）。

――その判断も的確だな、と思って。

有野　リハーサルでやってみて気付くのは遅いですよ。ＤＶＤ化するなら、特典でその台本入れりゃいいのにね（笑）。「こんなんやろうとしてはったんや」っていうね（編集部註：そんな幻の「茶番」台本を見たい方は86ページへ!!）。

――そんな「茶番」も含めて、昨日はスタッフさん、かなり遅くまで準備されてたんですけど、有野さんは何時くらいに寝たんですか？　緊張して寝れないとか、なかったですか？

有野　気ぃついたら寝てる感じでした。『メルヘンメイズ』無理やなあ、ポピンスキーに勝てる可能性は半々やなあ、って思いながら。「は！　もう朝や!!」って（笑）。

――でも『忍者龍剣伝』は見事にクリアされましたよね。

有野　あれは、もう、菅さんが言ってた「運がなくなってきてる」のが、もう一回持ち直してきたなって。上から降ってくる球が全然僕のところに来なくてなかったんですよね。そこが、たぶんライフのゲージが全然減らなかった理由なんですよね。いままでは、避けたら避けたところに来てたのが、今日は「は！　来ない！」「ここでやっつけたほうがいい」と思ってやった感じでしたね。ただ「しゃがんで斬るんだ！」って言われても、「しゃがむ」の意味がわからへんなあって。

――それで言うと『魔獣王』の最後もすごかったですよね。ノーミスっていう。

有野　ねえ。

――あれは奇跡でしたね。散々ダメだったものが最後あんなにきれいに終わるって。

有野　『影の伝説』とか『チョロＱ』ぐらいに出てきた覚醒じゃないですかね。たまに出てくる、課長の覚醒（笑）。

――いや、本当に覚醒を見ましたよね。

有野　「あ、止まって見えるわ」って感じの課長無双。

――体力的にもキツかったんじゃないですか？　昨日のリハから見てて、課長の体力とテンションって、よく切れないなって普通に感心したんですよ。４時間ずっと張ってる気がしたんですけど。

有野　ステージ上はそうですね。４時間ぐらいは保つのかな？　普段の挑戦はすごくダラダラしてますけど（笑）。

――いつもの挑戦はダラダラ（笑）、今回はダラダラしてるときもありますけど（笑）、今回はダラダラがないのにビックリして。

有野　普段は「ここ進めなあかんな」って集中する。１～2時間、黙ってるときもありますよ。でも今日は、４時間ずっと喋ってましたね。なので、いましんどいです。

――すごいですね、やっぱり。さすがだなって思いました。

有野　この辺ですよね、ＹｏｕＴｕｂｅｒと違うところは（笑）。

――ＹｏｕＴｕｂｅｒとは違う底力を（笑）。

有野　圧倒的な差を見せつけてやりましたね（笑）。放送が楽しみです。

――今日はステージ上もそうですけど、バックステージにも懐かしい顔がたくさんありましたね。

有野　イベントの規模が大きい分だけ、連れて来るスタッフの家族も多いから、やっぱり楽しいですね。笹野が子ども連れて来るとか（笑）。「そうか結婚したかー」「子ども大きい！」とか、技術の女性陣がスカートで化粧もして来てたり。鶴岡は付き合ってる子かな？　好きな子を連れて来てましたね。普段見ぃひんスタッフの照れくさい顔が見れるのがいい。

――人それぞれに人生が……っていうところはありますよね。

有野　でも「ステージに上がったスタッフ、半分くらい辞めた人やねんけどな」って思いながら（笑）。

――そうかもしれないですね、確かに。

有野　辞めたのに声かけられて、出て来てくれるっていう。

――出て来てくれるって、いいですよね。

有野　「番組が嫌で辞めたんじゃない」っていうのが有り難いところですね。

――では、最後に改めて、今日会場に来てくれた1万人と、あと会場には来れなかったですけどイベントのオンエアを楽しみに待っているファンの方々に、有野課長からメッセージをいただけますか。

有野　プロじゃない歌を見せられてるのに手拍子やってくれて、課長の上手くない下手なプレイでキャーキャー盛り上がってくれてありがとう。みんな、いいセンスしてるな（笑）。「サンキュー、メッセー――！」って書いてて。なんですかね、家族で来れるのが安心なんですかね？

――そうですね、家族連れ、すごく多かったですね。

有野　入場するときにハイタッチしたら「手洗いません！」って言うてる子とかいましたね（笑）。「手は洗わないかんよ」って。あと、会場で観た人は、家に帰って同じゲームをやってほしいですね。それで課長の上手さなのか、上手くないところなのか……加賀かな。加賀の上手いのを再確認してやってほしいですね（笑）。

――気が早いですけど、20周年はどうしましょうね？　２０２３年ですけど。

有野　今回みたいな大きい会場もいいですけど、地方回っていくのもいいのかなあって。浅草の花やしきで7ステージをやったとき、舞台で『ウンジャマ・ラミー』ばっかり7回やって7回クリアできないっていうのがありましたから。だから7ヶ所、同じソフトをやって回る。

――いいですね。全国ツアーですね。

有野　そういうのもいいのかなあって。今回の１万人の中でも１０００人ぐらいは東京以外から来てくれてはる人もいてはるかもしれないですしね。関東以外からとか。それ考えると、そういうのもあっていいかもなあって。……やっぱり嫌っ！　しんどい（笑）。

――しんどいですけど、期待しております（笑）。では有野課長、本日は４時間の生挑戦、お疲れ様でした！

ゲームセンターCX 15th 感謝祭
有野の生挑戦
リベンジ七番勝負

冷却シートを
つけましょう

剣を抜け!
GCCXMAX

2019.04.29

ゲームセンターCX Symphony presented by JAGMO

2019年4月29日（月・祝）　昼公演／夜公演
東京オペラシティ コンサートホールにて

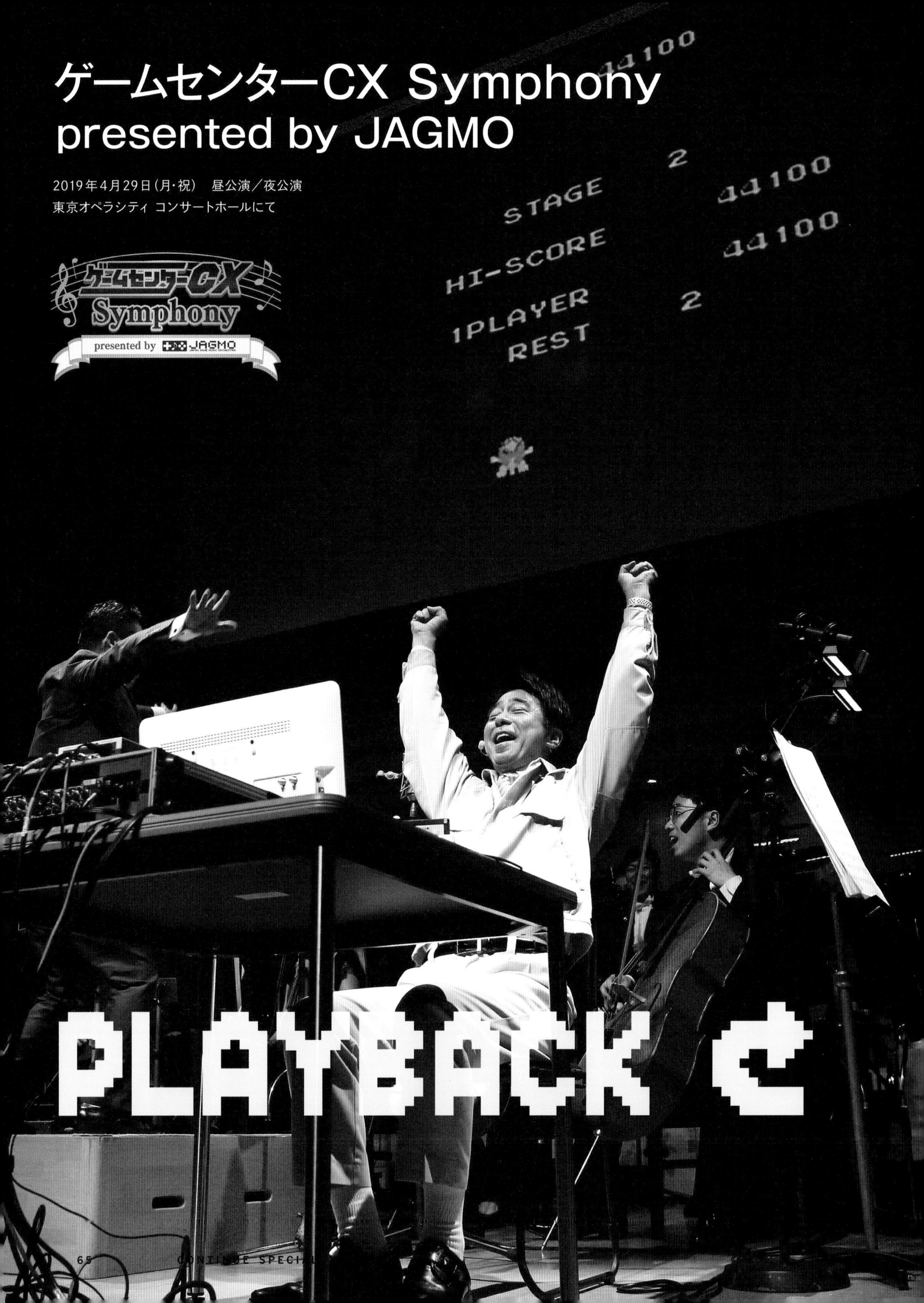

PLAYBACK

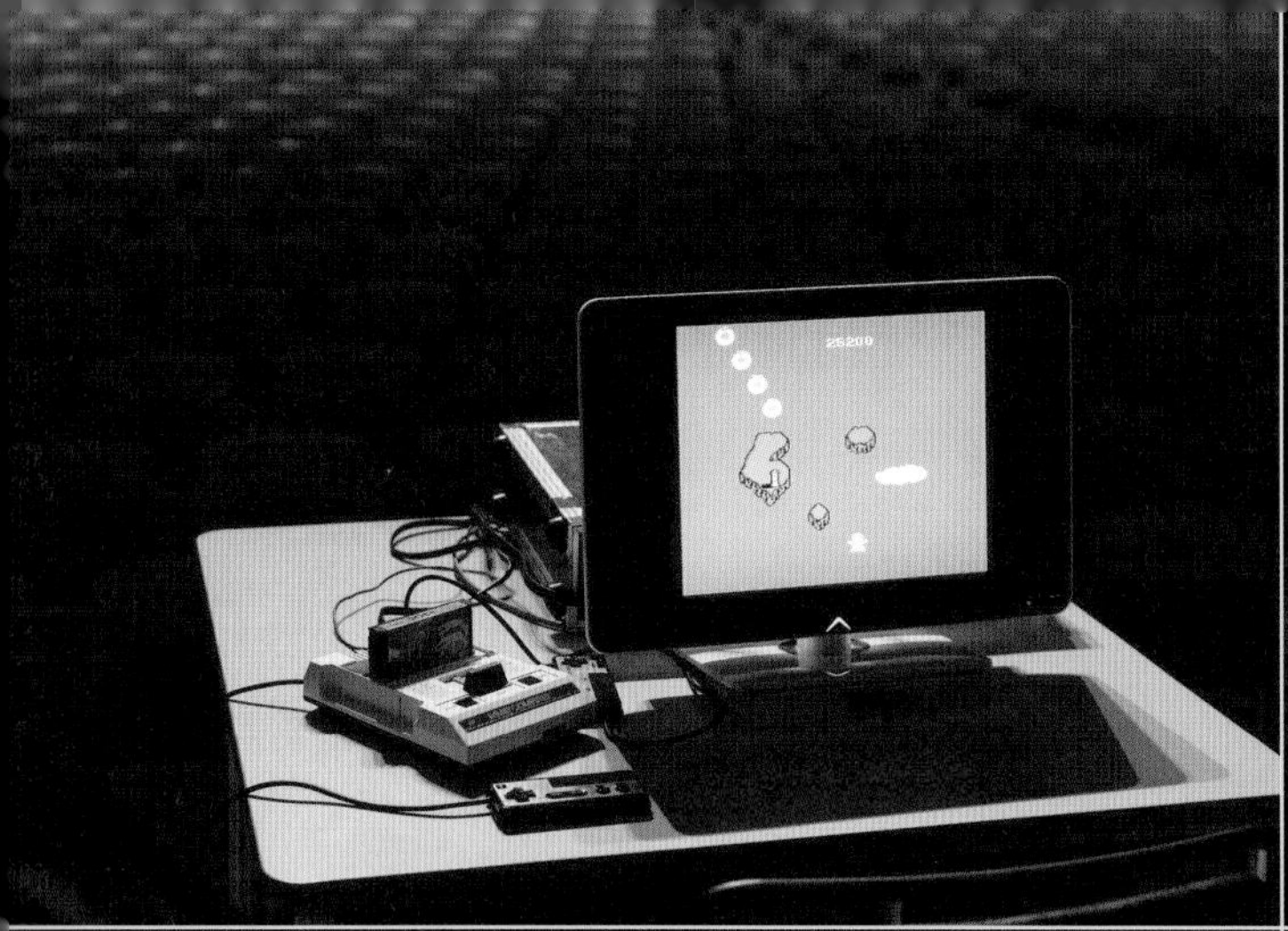
25200

クイズ！有野の挑戦

1PLAYER 00 HI-SCORE 00
Konami
© 1986 KONAMI
PLAY SELECT
1 PLAYER
2 PLAYERS

LAST CONTINUE
ゲームセンターCX番組テーマソング
作詞：斎藤信之(番組音効)
作曲：菅剛史(番組P)
原曲歌唱：中島智明(番組七代目AD)
編曲：庄司燦
5
13

西日よけの 壁になります

文＝多根清史
写真＝松崎浩之

2019年4月29日、年号が平成から令和に変わる直前に「ゲームセンターCXシンフォニー」が開催。フルオーケストラで「有野の挑戦」で登場したゲームの楽曲を演奏するコンサートであり、場所は『CX』と地理的には近く、文化的には宇宙よりも遠かった場所・東京オペラシティ。日本初のゲーム音楽プロ交響楽団JAGMO（Japan Game Music Orchestra）とのコラボあればこそ到達できたスペシャルステージだ。

そもそも今回のコラボのきっかけは、有野課長が「NHK音楽祭2016 シンフォニック・ゲーマーズ～僕らを駆り立てる冒険の調べ～」でJAGMOと共演したことから。「課長がゲームやってるのを、この厚みのある音楽でやってほしいな！」とノリで言ってみると『CX』スタッフが「面白そうですね！」とノッてきて本当に実現してしまったという。

公演は昼と夜の2回行われたのだが、ここでは夜の部のレポートをお届けしよう。

オープニングでJAGMOが『CX』オープニングの第九（歓喜の歌）を奏でるさまは、まさにクラシックの殿堂そのもの。そこに現れた進行役が、キメキメの髪型とタキシードを身に着けた構成作家・岐部昌幸だ。トークよりも蝶ネクタイが笑いを誘って雰囲気をほぐしたあと、いよいよ「名曲で振り返る有野の挑戦 難関ゲーム編」がスタート。演奏とともに大画面には「有野の挑戦」の名場面が次々と流されていく。

おそらく観客の半分ほどはJAGMOの演奏を聞き慣れているはずが、1～2曲目の『アトランチスの謎』や『魔界村』から空気がざわめく。いつものコンサートではゲーム音楽が最初から終わりまで演奏されるが、今回は「挑戦」の映像にできるかぎりシンクロされている。主人公が穴に落ちてミスすれば、演奏も最初からやり直し。課長の腕前に応じて曲の長さが変わり、一曲フルに聴けないもどかしさ。そして聴いたことがない新しさ！

『CX』初期を代表する2作品の音楽を聴き終わったあと、本日というか、いつも主役の有野課長が登場！ 番組内のミニコーナーさながらに課長と岐部のやり取り（台本をどこまで読んだか探す岐部をイジる課長を含め）で場を和ませたあと、『ソニック・ザ・ヘッジホッグ』のフルオーケストラ演奏が開始。グリーンヒルを軽快に駆け抜けるプレイが上手いな～と思ったらデモだったオチがつき、約11年前のAD中山デビュー戦と凡ミスに懐かしさが湧き上がる。

続いての特別企画は、「クイズ！ 有野の挑戦 名曲イントロドン！」。その名の通りイントロからゲーム名を当てるクイズだが、有野課長が挑戦するタイトルの楽曲をオーケストラで出題する贅沢さ。

第1問の曲が流れるや「スーパーファミコン？」とざっくりしたあたりをつける課長だったが、何度かの演奏やヒントでもわからず挑戦失敗。正解は『レミングス』で24時間生放送でとことん付き合った、おそらく『CX』史上ダントツに聞いているはずの曲！

そして第2問はファミコンで名前が『スター○○』までわかりながらも、後半が出てこない。「高橋名人がゲストに来た」「ハドソンスティックを使った」「ラリオス撃破ボーナス5万点」……名前以外はぜんぶ覚えてる！ ファンからのヒントで『スターフォース』の正解をもぎ取った課長クオリティは美味しかった。

さらに『マイティボンジャック』が演奏されたあと、本日のメインディッシュこと「世界一ぜいたくな有野の挑戦」。挑戦タイトルは『ツインビー』だが、通常回との違いはプレイに合わせてオーケストラがBGMを奏でること。つまりミスを連発すれば演奏も激しく切り替わる、課長以上にJAGMOにとっての挑戦なのだ。

よりによって課長の苦手なシューティングをチョイスした期待に応えて（？）次々と砕け散っていくツインビー。ベルを取りに行くと横から敵に体当たりされる、スピードアップしすぎて動きを制御できず、ボスまで来たけど瞬殺。パワーアップやミスのたびにBGMが変わるため、課長に振り回されるJAGMOの負担も大変なことに。気の毒だが最高だ！

昼の部でも『ツインビー』に挑戦し、そちらは失敗。夜の部でも「ツインショットと分身を取ったあとに敵に激突」を2タテで繰り返して、いよいよ最後の挑戦。あきらめムードのど真ん中で、なんとスーパーキャンディーが出現！ これを取って3WAYにパワーアップし、ボスを撃破して挑戦成功！ 『CX』15周年どころか平成最後の大舞台で勝利を飾り、やはり課長は「持ってる」男だった。

JAGMO演奏の3パート目は『高橋名人の冒険島』『カイの冒険』『忍者龍剣伝』という、課長とADたちを苦しめた3本の激闘編。どれも名曲ぞろいのなか、指折りの傑作と言える『龍剣伝』感動の曲が「AD東島が身をもって西陽を防ぐ（ゲーム画面なし）」に当てられる素晴らしさ。

あっという間に楽しい2時間は過ぎ、無事に閉幕……かと思ったら有野課長がアンコールに応えて再登場、その横には元AD中山のタキシード姿が。ということは……『CX』といえばこの曲、「ラストコンティニュー」のオーケストラバージョンが演奏！ スタッフ手作りの曲がコンサートホールで流れた感動で締めくくられたのだった。有野課長×オーケストラも、いつの日か再びコンティニュー希望！

2020.06.21

株式会社スタイルジャム
株式会社ハピネット
祝放送300回
ゲームセンター
株式会社インディーズゼロ
祝放送300回
有野課長

REPORT 2

ゲームセンターCX300
300回記念
300分生放送SP

『ゲームセンターCX』放送300回を記念した300分生放送。「あり得ない」「奇跡が起こった」と言われた伝説の生放送の裏側で何が起こっていたのか？ 完全独占現場レポート!!

文＝編集部・林　写真＝松崎浩之

ゲームセンターCX300 300回記念300分生放送SP

2020年6月21日18時〜23時　CSフジテレビONEにて放送

「これは難しいでしょうね」

ここから始まるレポートは、おそらく、これまで『ゲームセンターCX』関連企画としてお届けしてきたものとは、かなり趣の異なるものになると思う。

それは、取りも直さず、あの日、お台場フジテレビで起こったことが『ゲームセンターCX』の歴史においても突出して〝あり得ない〟ことであり、幸運にも僕は取材スタッフとしてその場に同席したことで、その大混乱の一部始終を目撃できたことに尽きる、と思う。

とにかく〝あり得ない〟ことが起こったのだ、あの夜は——。

※

僕とカメラマンの松崎さんが車でフジテレビに入ったのは生放送開始より3時間前となる15時。フジテレビでは以前にも「ゲームセンターCX 24時間生放送スペシャル」(2009年8月29日~30日)で〝じょこたん〟こと中川翔子さんの応援色紙を有野課長に手渡しするために出演したことがあった。また、今年の3月20日には「ゲームセンターCX mini」を取材するなど「生放送といえばフジテレビ」というところもある。

番組広報の石井さんに案内されたスタジオはだだっ広く、その片隅に有野課長の挑戦ブースがポツンとセッティングされている。生放送が行われたのは6月21日、新型コロナの状況を考えると当然ではあるのだが、なかなかにシュールな光景。課長のデスクの横にはパチンコ屋さんの開店祝いにあるような巨大な花輪がふたつ。さらにファンから送られてきた応援イラストが両サイドに。

そこから左に目を移すと、そちらにも挑戦ブースが。これは「サブセット」と呼ばれていて(ちなみに花輪に囲まれているのが「メインセット」)、生放送中に予想される有野課長のガッカリプレイを前提に、課長はメインとサブのセットを移動、その間に空いているほうのセットでサポートADが「戻し」を行いつつ攻略を目指す作戦とのこと。これは、なかなか考えられたシステム。さすがスタッフ、伊達に16年も課長のガッカリプレイに苦しめられてない。

本日の挑戦ソフトは『ナッツ&ミルク』。1984年7月にハドソンから発売されたファミコン専用ソフトで、面クリア型のアクションゲーム。主人公のミルクがラウンド上のフルーツをすべて回収、ライバルのナッツをかわしたり、水に落ちたりしないようにして恋人のところにたどり着いたら面クリア。カギはルート選びで、パズル要素もある全50面。石井さん曰く「300分で全50面だから1面6分……これは難しいでしょうね(笑)」。

15時30分、スタジオ内で技術打ち合わせスタート。プロデューサー菅さん、開口一番「延長はありません。23時に終わります」。2007年のクリスマスに放送された「ゲームセンターCX 生放送SP」では、THE ALFEEやアイドリングのライ

かちょう300かいおめでとう。
ソニック
マリオ
クリボー
かちょう

NUTS&MILK
FAMILY COMPUTER
Nintendo

かちょうがんばれ!
300
300回放送おめでとうございます!
どんなステージやBOSSにもコツコツ攻める
課長の粘りの勇姿をこれからも応援してます!
そして次は400回を目指して…いや、ここはもっと
大きくでて415(よみこ)回を目指して挑戦を
続けて下さい
これからもGCCXが末長く
続きますよう願っております。

祝放送300
ゲームセンターCX

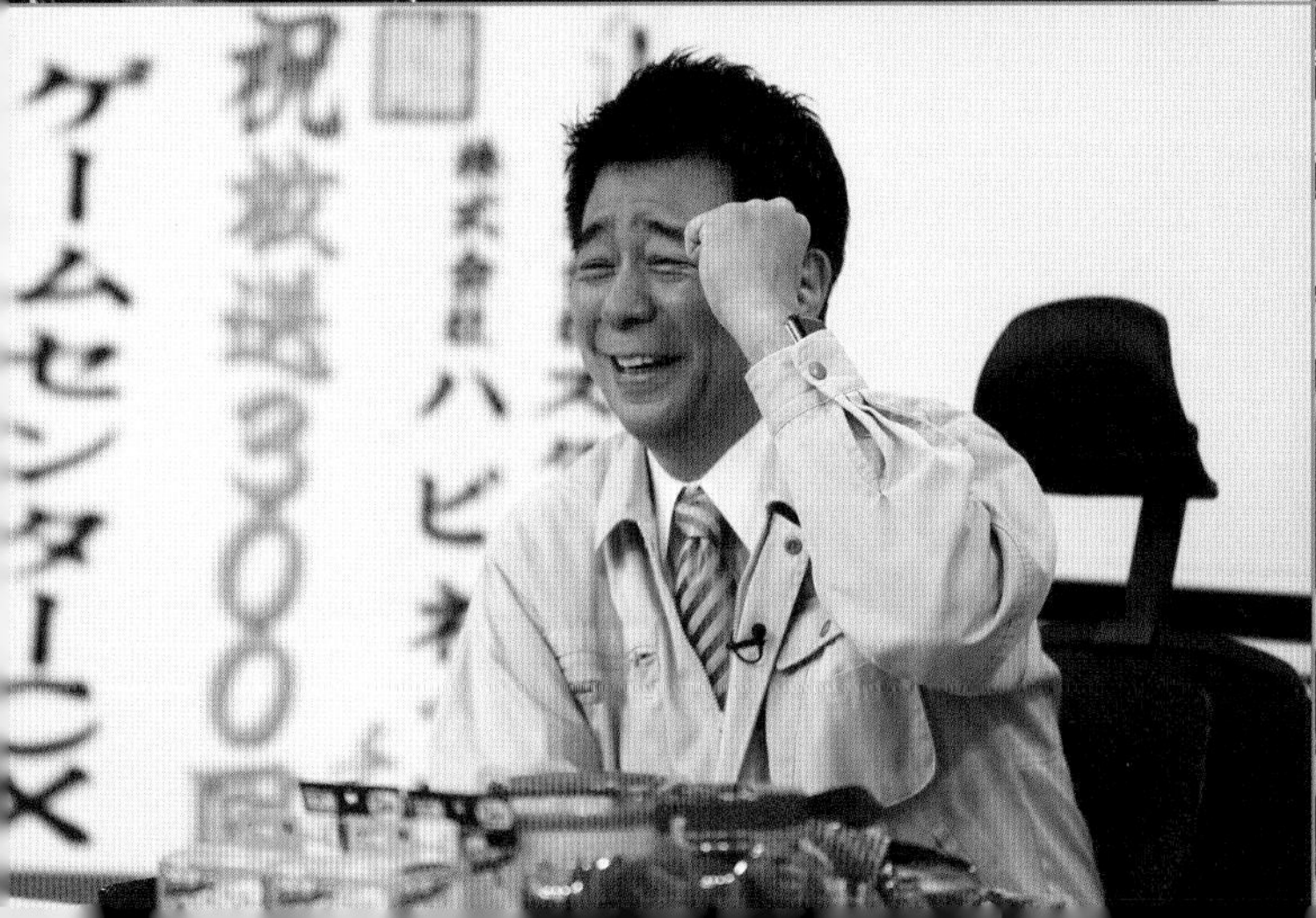
祝放送300
ゲームセンターCX

有野課長

ブ配信の時間をいただくなどしてきた『ゲームセンターCX』の生放送だが、今回は潔く23時終了を確認してから、リハーサルはスタート。

　そして16時30分、有野課長がフジテレビに到着。

　楽屋での意気込みは「200分で終わらせたい!」。まさか、この言葉が、のちのち重すぎる意味を持つとは1ミリも想像することなく、僕と石井さんは「またまたー」と大笑いしながら楽屋を後にした。

真っ青になっているスタッフ

　生放送開始4分前の17時56分、有野課長がスタジオ入り。エンドロールに名前を書いて、メインセットへ。そして18時、お馴染みオープニングコント（別名「茶番」）から300分の長丁場となる生放送がスタートした。

　18時12分に「課長ON!」。2面をクリアした際には「300分いらないです!」も飛び出したが、18時21分には初の「ガメオベラ」。コンティニューがないため、再び1面からプレイを再開する有野課長。

　広いスタジオの手前側にある「リモートブース」からAD小林が登場したのは18時36分。そこでラウンドスキップを行う「みなしプレイ」の採用が決定、その後「#みなし有野」がTwitterのトレンドワードを席巻することになる。

　さらにAD小林による「トン・パッ・トォーン」などを挟みつつ、有野課長のプレイは順調そのもの。早くも19時19分には20面をクリア。

　そして、このあたりから「もしかして、有野課長……上手いんじゃね?」という空気が現場に漂い始める。
　スタッフからは「予想より30分早い」という声も聞かれるようになってきた。
　26面クリアの際には「ヤバい、どうする?」（有野課長）。
　19時36分から始まったTwitterコーナーで構成・岐部さんが「時間が余るのは勘弁してほしい」というファンの応援コメントを紹介したように、有野課長の思わぬスーパープレイにファン、スタッフとも明らかに困惑気味。さらに「うしろで真っ青になっているスタッフは何人かいますね」（岐部）という発言を受けて、僕は「うしろ」、スタジオの外にある控えスペースに移動してみた。

生放送中、しかも日曜日の夜

　そこにいたのはプロデューサー石田さん、松竹芸能・野田さん。雰囲気は……とても重い。さらにTwitterルームでは、こんな会話がなされていた。

「今日、仮に時間が余ったら、どうされるおつもりですか?」（菅）
「いや、正直考えてなかったですね」（岐部）
「えー考えてないの?」（有野）
「でも、有野さん、クリアするならしてもらって全然構わないので。こっちはこっちで、裏で何かしら準備しておきます」（岐部）
「そうなの?」（有野）
「巻けるんだったら、巻いていただいて結構です」（岐部）

　そして、Twitterコーナーを終えた岐部さんが戻ってきた。そうこうしている間に、有野課長は30面をクリア、残り20面。「これは本当に終わっちゃうんじゃないか?」という予感が「うしろ」に漂い、空気はさらにドヨーンと重くなる。

　そんな雰囲気の中、岐部さんが「無理なんでしたっけ?」と、あるソフトの名を口にする。それは、岐部さんが今日の挑戦ソフトとして会議で推していたものだった。

　何を?

『パネポン』を。

　『パネルでポン』、略して『パネポン』。1995年10月に発売されたスーパーファミコン専用アクションパズルゲーム。隣り合うパネルを入れ替えて、3つ以上の同じパネルを縦、あるいは横に揃えて消していく『パネポン』を、有野課長は「ゲームセンターCX mini」で初プレイ。スタッフによる「右行って右!」「それじゃない!」「もう安いのでいいから!」という指示（という名の怒号）が飛び交う中、懸命にプレイするも挑戦は失敗。その「ままならない感じ」は現場に空前の盛り上がりと一体感、そして新たな因縁の誕生を予感させたのだった。その『パネポン』を『ナッツ&ミルク』の〝次の挑戦ソフト〟としてプレイしてはどうか?

　しかし、そのハードルは極めて高い。

当然だがメーカー、『パネポン』であれば任天堂に許諾を取ることなく放送することはできない。いまは生放送中、しかも日曜日の夜だ。

「これから企画書を用意するのか?」
「任天堂の担当者と連絡がつくのか?」
「連絡がついたとして、その場で許諾が取れるのか?」

考えれば考えるほど、状況は絶望的なまでに「最悪」と言っていい。

〝あり得ない〟ことが起こった

思えば『ゲームセンターCX』のイベントにトラブルは付き物だった。

２００７年の「ゲームセンターCX 生放送SP」では『カイの冒険』クリア目前のタイミングで当時のAD鶴岡がコンティニューミス、課長とっさの判断で事なきを得た。DS専用ソフト『ゲームセンターCX 有野の挑戦状』が発売された際の名古屋イベントでは、なんと有野課長が新幹線を寝過ごしてしまう大トラブル。さらに「ゲームセンターCX 15th感謝祭 有野の生挑戦 リベンジ七番勝負」（２０１８年10月28日）では、よりにもよって最初の挑戦ソフト『パンチアウト!!』が開始早々にフリーズしたこともあった。

しかし、そのたび、有野課長ゆずりの折れない心（と無謀すぎるチャレンジ精神）で無理ゲーをクリアしてきた『ゲームセンターCX』のスタッフたち。だから今回も、彼らは諦めなかった。

なんと、この絶望的なタイミングから『パネポン』の許諾を取りつける方向に舵を切ったのだ。

ケータイを片手に石田さんは「うしろ」を飛び出し、僕たちは、その背中を見送った。そして有野課長は、31面をクリアする。

「ビックリですよね。これは前代未聞ですよね」（林）
「でも、レポート記事的にはおいしいですよね（笑）」（野田）
「放送中に許可取るとか、ないですからね」（岐部）

さらに、岐部さんからは、こんな言葉も飛び出した。

「僕は、このゲームは難易度が低いって言ってたんですよ。ロケハンチームは難しいって言ってましたけど」（岐部）
「ボヤく岐部先生（笑）」（野田）

後日確認したところによると、確かにロケハンチームは「有野課長は全50面までクリアできない」と判断、AD小林は「40面くらいで時間切れかな」と思っていたという。「戻し」専用のサブセットもそのために用意されたのだが、いまのところ、まったく出る幕がない。

そして、そのときが訪れた。

19時52分、「うしろ」に戻ってきた石田さんより「任天堂の許諾が取れました!」という報告が入った。日曜日の夜にもかかわらず任天堂の方に電話でご対応いただき、諸々の経緯あって許諾をもらえたのだ、という。

僕も編集者の端くれとして、いろいろな許諾交渉をすることもあるのだが、これは〝あり得ない〟対応と言っていい。申請するほうもあり得なければ、許諾するほうもあり得ない。しかし前代未聞、生放送中の権利許諾は、ここに正式に下りたのだ。

２００４年３月31日、カギカッコ付きだった『ゲームセンター「CX」』第10回放送は「任天堂」特集。その日から始まった番組スタッフと任天堂との信頼関係は、２０２０年６月21日、お台場フジテレビであり得ない奇跡、大輪の花を咲かせたのだった――。

その後も有野課長は順調に『ナッツ&ミルク』をプレイ。サブセットには急きょスーパーファミコンがセッティングされ、番組広報・小川さんが「戻し」を開始。誰もが予想しなかった形でサブセットは、その機能を果たすことになった。

21時15分には45面をクリア。「これは行っちゃいますね」と石井さん。それは奇しくも有野課長が「終わらせたい!」と豪語していた２００分のわずかに５分前のことだった。有野課長、恐るべし……。

そして生放送開始から２１８分となる21時38分、有野課長、見事に全50面をクリア。有野課長以外、すべての番組関係者の

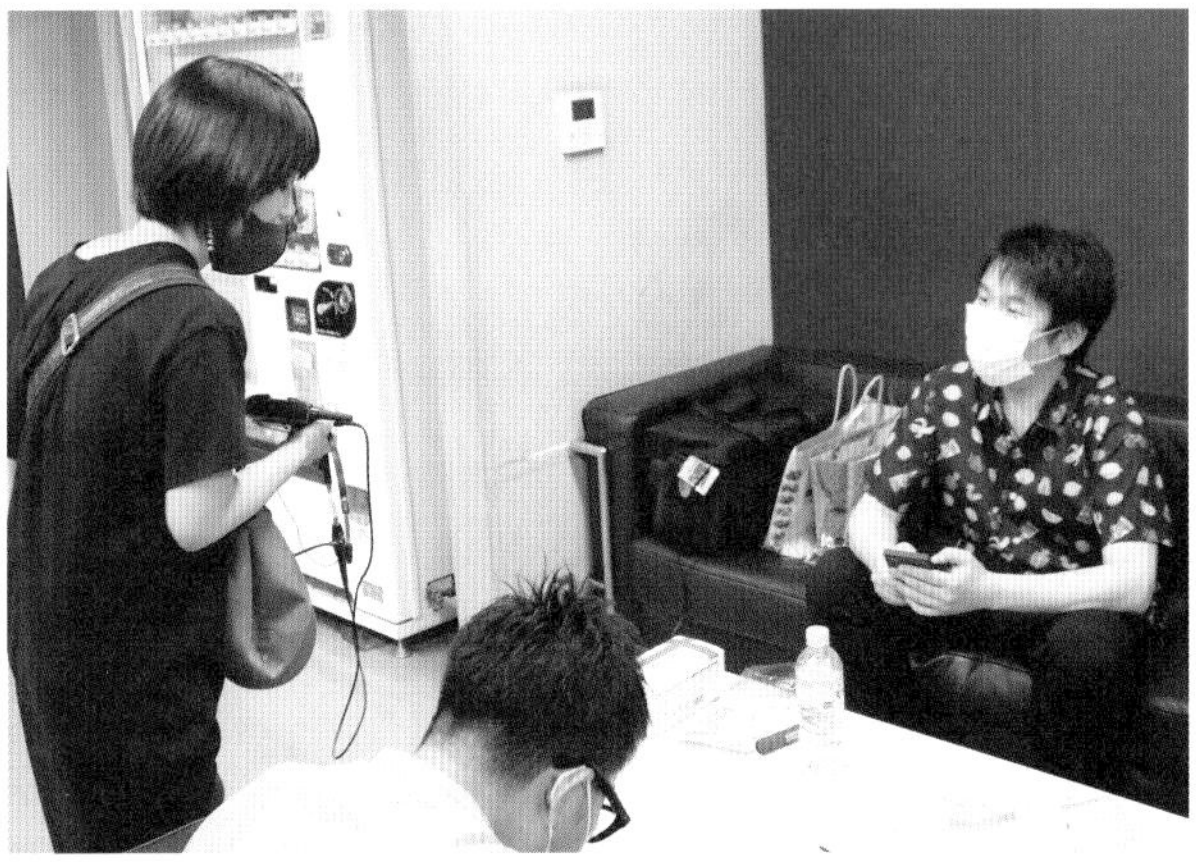

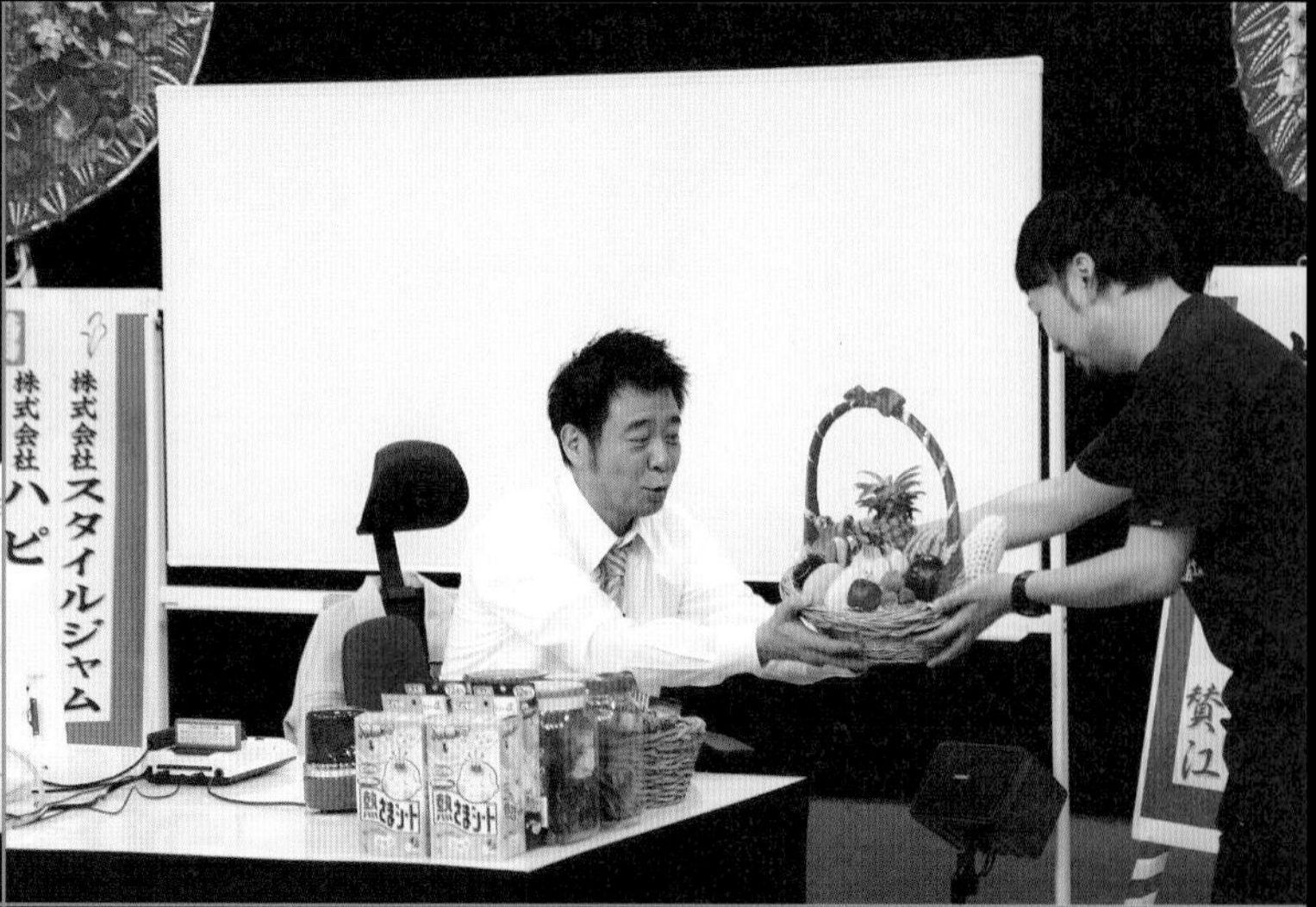
株式会社スタイルジャム
株式会社ハピ

©1995 Nintendo

©1995 Nintendo

祝300回 クリアめざして挑んだれ! 有野課長!!
400回まで
#GCCX300
存分に
祝300回
課長
有野晋哉
カメラ 阿部
作家 岐部
プロデューサー菅
P 石田 希

予想を大きく裏切って『ナッツ&ミルク』全50面の生挑戦は見事成功に終わった。

『ゲームセンターCX』が起こした奇跡

その後、有野課長はこの日初めてとなるサブセットに移動、21時51分より『パネポン』のプレイを開始。

Yahoo!ホットワードにランクインするほどの岐部さんの“絶叫”と、新たなるスター誕生となった小川さんによる“指導”を受けるも、有野課長は残念すぎるプレイを連発。この日、ディレクターを務めた元AD片山は後日、「どうして有野さんは『ナッツ&ミルク』をクリアできるのに、『パネポン』はあんなに下手なんだ……」と落ち込んでいたらしい。でも、仕方ない、それが課長クオリティなのだから。

有野課長の残念なプレイと、スタッフによる指示（という名の怒号）が飛び交う中、『パネポン』はタイムアップ。因縁は次の機会にコンティニュー。お約束の手書きエンドロールが超高速でスクロールされたことも含めて、最後まで驚きにあふれた300分生放送は無事終了となった。

※

あの日、お台場フジテレビで起こったのは、まぎれもなく奇跡だった。

あらゆる偶然、熱意、信頼、積み重ねてきた時間――それらすべてが結実した、前代未聞の奇跡だったのだ。

そして、それは「有野課長」というカリカチュアライズされた存在だけではなく、『ゲームセンターCX』というプロジェクトの総体、2003年11月4日の第1回放送から現在に至るまで、そこに関わってきたすべての人たち――新旧の歴代スタッフ、多くのファンのみなさん――の“想い”が起こしたものだったのだろう、と思う。このテキストが、あの日起こった奇跡的な輝き、それを目の当たりにした僕の“驚き”と“感動”を、少しでも伝えることができれば、それに勝る喜びはありません。

また、僕とは別の側面から、番組スタッフが「300回記念生放送」の裏側を振り返ったスペシャル動画が、後日、番組ファンクラブ「GCCXオフィシャルファンクラブ」で公開されるとのこと。そちらのほうも、要チェック！

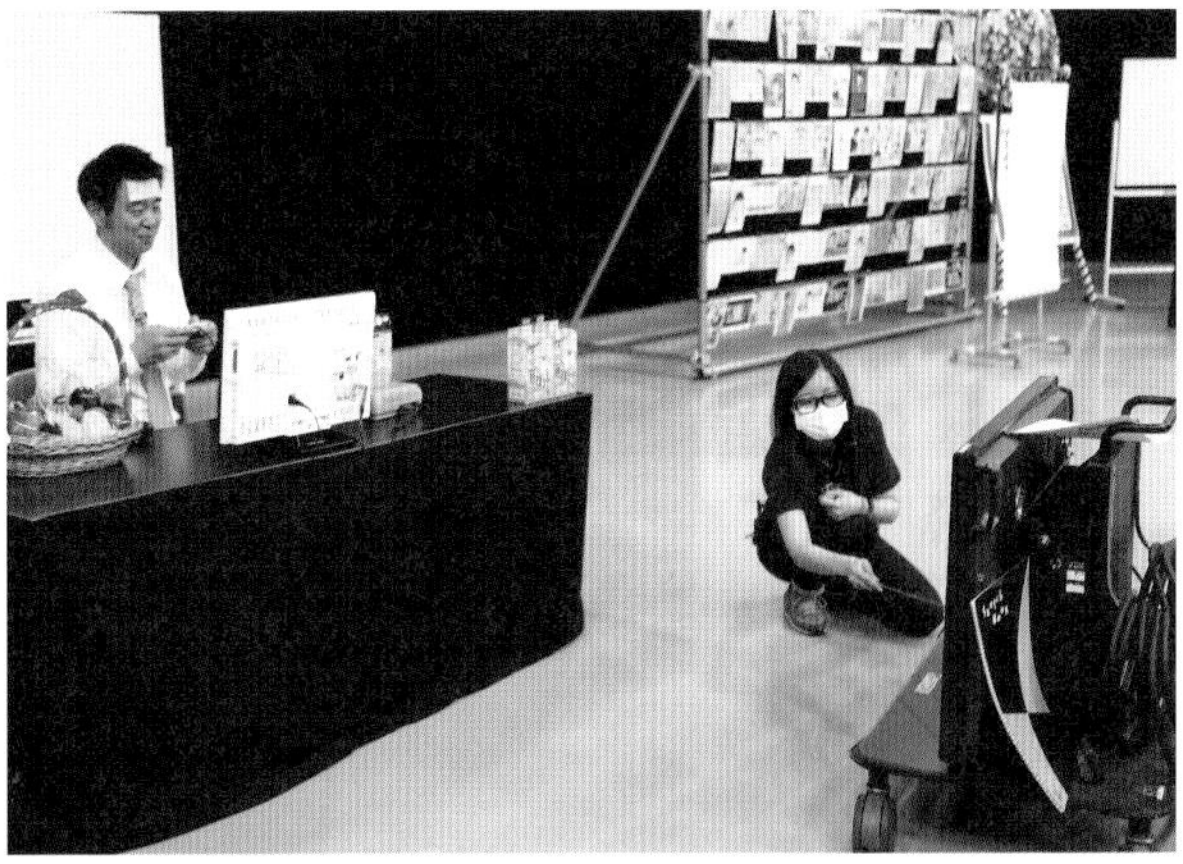

祝 Yahoo! ホットワード ランクイン!! 岐部先生『パネポン』リアクション大全

ゲームセンターCX

WEBアンケート結果発表!!

2020年6月22日～30日、特設サイトで行われた『ゲームセンターCX』
アンケートの結果を発表!!この結果が番組に反映することも!?

2020年6月22日（月）お昼12時より6月30日（火）夕方6時まで実施。有効回答数は385。30代がもっとも多く、男女比は「男性=60%」「女性=40%」。

QUESTION. 01

あなたの一番好きな「ミニコーナー」を教えてください。

第1位
クイズ ファミオネア
（第20シーズン）

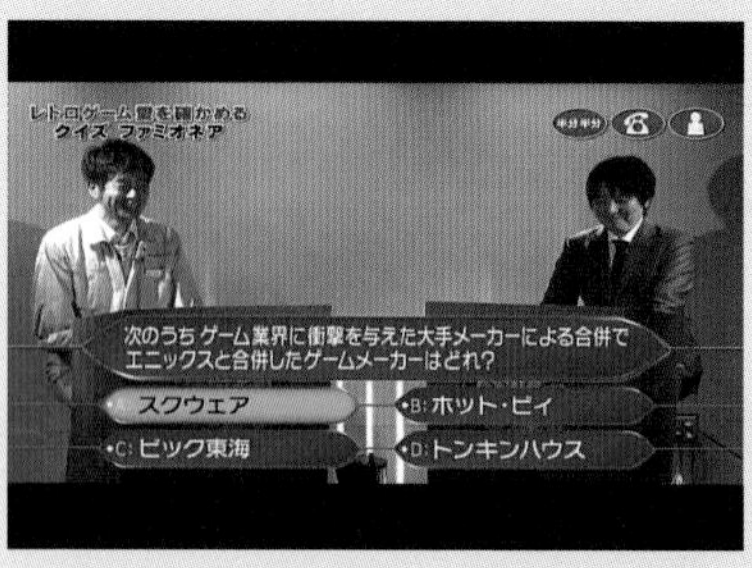

一緒に答えられるのが良かった。何回でもやってほしいコーナー（wakauj・女性・45歳）／クイズ形式で一緒に考えることができたりして面白かったです（きなこ・女性・34歳）／生電話のグダグダ感が面白かったです（土鍋・女性・35歳）／毎回出される問題が面白かったから。メッセでの企画も面白かったから（Potter・男性・21歳）／毎回特に楽しみにしていました。有野さんと岐部さんの掛け合いもですが、電話に出てくる中山さんも良い味出していました。最終的に手に入れた賞品がファン的にはそんなに……だったのがちょっと残念。生き物ツアー見たかったです（笑）（かえで・女性・41歳）／オンエアで課長と岐部先生のトークが面白すぎて幕張で生で見られたのは貴重な時間でした！（ラブマネ・男性・24歳）／岐部さんとの掛け合いが絶妙に面白かった（Rico・女性・31歳）／岐部先生の正解を言うときのタメがすごく好きでした（MrYOU・男性・33歳）／岐部先生がふわふわして仕切る姿（skecco・男性・33歳）

第3位
仁義なき2Pプレイ マリオブラザーズ激闘編
（第21シーズン）

助っ人ＡＤさんのいまのお姿や近状、卒業後のゲームの腕を見られたのが面白かったです。またいつかやってほしいです！（ありさ・女性・33歳）／ファンのためにある企画で楽しめるから。４年に一度でいいからまたやってほしい（Megamecx・男性・34歳）／歴代ＡＤの近況が知れてよかった（添島一人・男性・46歳）

第2位
有野の！もしもし大作戦
～元祖西遊記スーパーモンキー大冒険～
（第3シーズン）

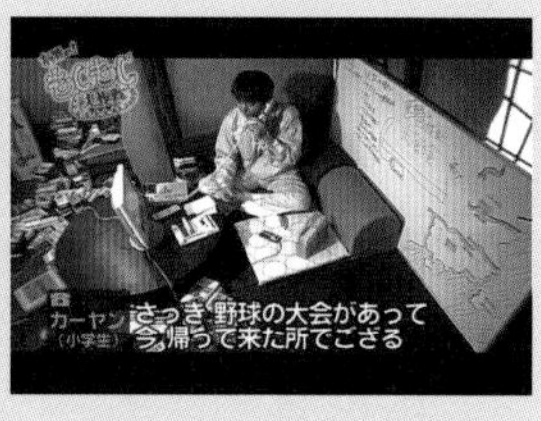

視聴者に電話して攻略法を聞くとか、カーヤンに電話したけど不在でお母さんが残念がるとか、やたら笑った記憶があります（いわぴょん・男性・43歳）／カーヤンに電話したら、弟が出て「お兄ちゃん何か有野みたいだけど」は名言（吉原文絵・女性・45歳）／視聴者とのやりとりが面白かった（やがちー・女性・37歳）

第5位　有野課長のボーナス査定（第19シーズン）

コーナー冒頭の寸劇の面白さと、ボーナスのしょぼさ、そして毎回失敗した際に岐部さんから発せられる「ノーボーナスです！」の一言が印象に残っています（Naohiro・男性・39歳）／だいたい操作方法が曖昧でガッカリプレイが手軽に観られる（かんいち・男性・26歳）／コーナーも面白かったですが、オープニングのアドリブ（？）コントが特に好きでした！（ゴンたっく・男性・28歳）

第7位　ファミコン人間国宝ありの（第16シーズン）

有野さんの持ち味が遺憾なく発揮されていた（ゆーさん・女性・39歳）／バカバカしい感じが大好きでした。『ＣＸ』では珍しく（？）追い込まれてる芸人有野さんが面白かったです（秋桜・男性・37歳）／話している途中で、コーナーが終わっていくのが好きです（課長秘書・女性・42歳）／無茶ぶりが面白かったから。架空のソフトの名前が面白かったから（YY・男性・15歳）

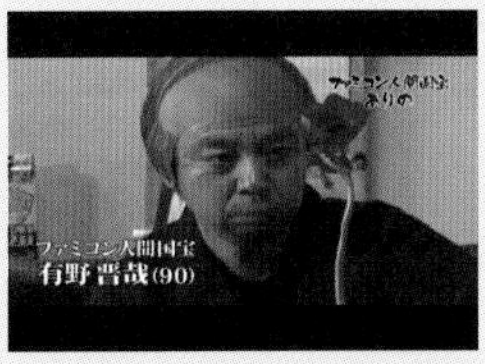

第9位　ハードのエースが出てこない（第5シーズン）

見たこともないゲーム機で見たこともないソフトを楽しそうにプレイする有野さんが最高でした（おがおが・男性・29歳）／マイナーに分類されるゲーム機が掘り返されるのが好き（森の中のゴリラ・男性・36歳）／当時あんまり目立たなかったゲームハードをわざわざコーナー作ってまで紹介するなんて、この人たち優しいな……と子どもながら思ってたから（伊織・男性・19歳）

次点　勝手にうたいやがれ（第10シーズン）

短いものから少し長いものまで、いまでも口ずさむほどめっちゃ好きでした！（りしり・女性・30歳）／しょうもない歌詞と、課長の適当な歌がとても面白かった（みどりんご・女性・42歳）／『ボキャブラ天国』のような視聴者投稿と音楽替え歌を合わせたようなバラエティ感が楽しかったです。それと、一度採用されたこともあり、思い出深いです（カカリチョー・男性・41歳）

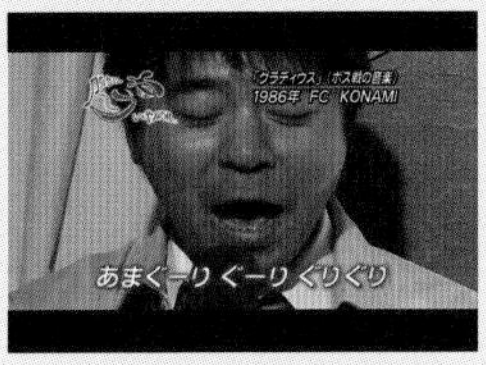

第4位　キャッチコピーをつかまえて…。（第14シーズン）

発売当時のレトロゲームの宣伝文句、ポスター広告などをたくさん知れたのが良かった（ねのはた・男性・32歳）／中山さんと武田祐子さんの掛け合いがサイコーにおもしろい（ぶるぶる・男性・46歳）／スタッフのキャラクター性が発揮されていて面白かった。課長だけでなくスタッフの魅力も番組の醍醐味だと思う（コタロー・男性・31歳）／単純に面白かったです（いず・女性・31歳）

第6位　ファミコンスナイパー（第17シーズン）

一緒にソフトを考えるのが楽しかったですし、スナイパーという設定も大好きでした！　道路を渡れなくなる面白いハプニングなど、いまだに印象強く残ってるコーナーです！（まみみ・女性・35歳）／単純にオープニングがカッコイイ、そして予算が安く作れているのが面白いです。撮影現場である取引現場……の横断歩道見に行ったくらいに好きです（アンタレス・男性・23歳）

第8位　うどんが茹で上がるまで（第23シーズン）

うどんの種類を学べ、茹で時間も学べ、オモチャを学べ一石三鳥だったので、なんだかんだで面白かった（よみこ・女性・34歳）／笑えました！　課長の茹で上がるまでの待ち時間も好きでしたが、質問をスルーする、みかんちゃんも可愛かったです（飛影・女性・47歳）／子どもと一緒に見て、子どもがなぜか面白いと言って気に入ってます（ヌンチャククッキー・女性・45歳）

第10位　GOOD BYE 白黒男（第23シーズン）

ゲームボーイを子どもの頃よくプレイしていたため懐かしい（ふんわりふわふわうさぎ・男性・32歳）／懐かしかった（れむ・女性・42歳）／有野さんと岐部さんのまったりした絡みがとても好きなのですが、ゲームボーイも思い入れがあるので、なおさら好きです（あおいろ・男性・40歳）／ゲームボーイの周辺機器で遊ぶ有野課長と岐部さんが楽しそうだった（かずー・男性・18歳）

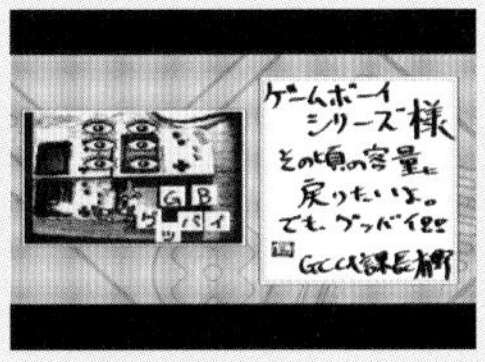

ださい！　私もみなさんも年をとったなあ、なんて思います（笑）（秋桜・男性・37歳）／放送300回本当におめでとうございます。300回と言わずに400、500回あるいは有野課長が引退するまでずっと放送してほしいです。どこまでもついていきます！（まなみ・女性・24歳）／みなさん大好きです。500回を目指してほしい（けむんぱ・女性・37歳）／長期放送おめでとうございます。有野課長とスタッフが協力して楽しい番組を作っているのがいいです。いろいろと大変ですがこれからもゆるりと楽しい番組を楽しみにしています！（カズ・男性・41歳）／ずっーーと続けてほしい。「No GCCX No LIFE」（かっつん・男性・40歳）／長時間収録のモノを1時間の番組にパッケージ化するのは本当に大変で根気のいることだと思います。そ

の努力によって作られる番組は本当に楽しくて、毎日ずっと流してます！　生きがいです！　これからもずっとずっと応援してます！（EICHI・男性・29歳）／あらゆる世代や世界を繋ぐ架け橋として、いつまでも全力疾走していただきたいです（みつるさん・男性・33歳）／放送300回おめでとうございます！　この番組のおかげで面白いレトロゲームに沢山出会うことができました！　ありがとうございます！（伊織・男性・19歳）／私が見始めたのはここ５年くらいですが、過去作も最新作もイベントも、すべて全力で楽しませていただいてます！　これからも長く続けられるよう、頑張ってください（しげみ・女性・35歳）／300回突破おめでとうございます！　番組スタッフのみなさんが有野課長と和気藹々としてる様子はこちらも見ていてと

ても和みます。有野課長とともに、これからも頑張ってください！（まくらん・男性・27歳）／子どものころから好きだったゲームをさらに好きにさせてくれた番組に感謝しております。また大きなイベントに行きたいです（Megamecx・男性・34歳）／いつも楽しい番組をありがとうございます。一昨年体調を崩して精神的に辛かった時期にこの番組が支えになってくれました（Gaku・男性・40歳）／愛してる（ぽたぁん・男性・31歳）／放送300回おめでとうございます。現行機種のPS4、Switchがレトロゲーと言われるようになるまで番組が続いてほしいです。応援しています（リョウP・男性・35歳）／300回おめでとうございます！　これからも、いろんなレトロゲームを見せてください。大変なお仕事だと思いますが、体に気をつけて頑張ってください！（あこちゃん・女性・41歳）／課長がプレイしてるとき外野からのガヤにはいつもほのぼのした感じがあってにやけるほどです。これからのガヤも期待してます（楓・男性・17歳）／いつも楽しい放送をありがとうございます！　課長がクリアできなさそーで「できたー！」っていう絶妙なゲーム選びお疲れ様です！　これからもお体に気をつけて楽しい番組作ってください！（ぺペロンチーノ・女性・29歳）／たまに思い出して観ています。なくなると寂しい番組の筆頭なので、有野さんがコントローラーのボタンを押せなくなるほどのジジイになるまで続けてください（まごわさび・男性・29歳）／安定的に面白い『ゲームセンターCX』、毎日DVD観てます。いつか藤本さんオススメ、『ソンソン』もプレイしてください!!（えいと・女性・37歳）／休憩のお弁当見てみたい！（たきやん・男性・39歳）／この番組を通じてテレビ番組にとってタレントさんやスタッフさんのプロフェッショナルさがどれだけ大切なものかを知ったような気がします。500回、1000回と続いていってほしいです！（COBA・女性・43歳）／本当におめでとうございます！　もうGCCXは生活の一部です。これからも頑張って番組続けてください！（おかゆ・男性・40歳）／個性的なスタッフさんたちがいっぱいいて、それもまた『ゲームセンターCX』の魅力のひとつだと思います。1000回目指して頑張ってください♪（にゃっくす・女性・39歳）／300回おめでとうございます。ゲームが出続けるかぎりレトロゲームも増えていく……ゆっくりと無理せずいまと同じペースでがんばってください！（JUNKER・男性・46歳）／これからもずーっとみなさん仲良く楽しそうにしているCXが大好きです。北海道にもイベントで来てください（ひなはむ・女性・41歳）／たまに映っている演出の方は「誰？」（氏田・男性・40歳）／300回という回数もさることながら16年以上も続いているのが観てるこちらは本当にうれしいです。これからもレトロゲーの良さ＆凶悪さを世間に広めてください！（noby・男性・44歳）／あと300回がんばってください！　最初からのメンバー阿部さんの多才ぶりスゴイ！（ponta640・男性・58歳）／私は阿部さんの大ファンなので……。ミニコーナーで阿部さんのイラストコーナーやお料理コーナーがあったら是非観たいですね!!（くりぃむめろん・女性・37歳）

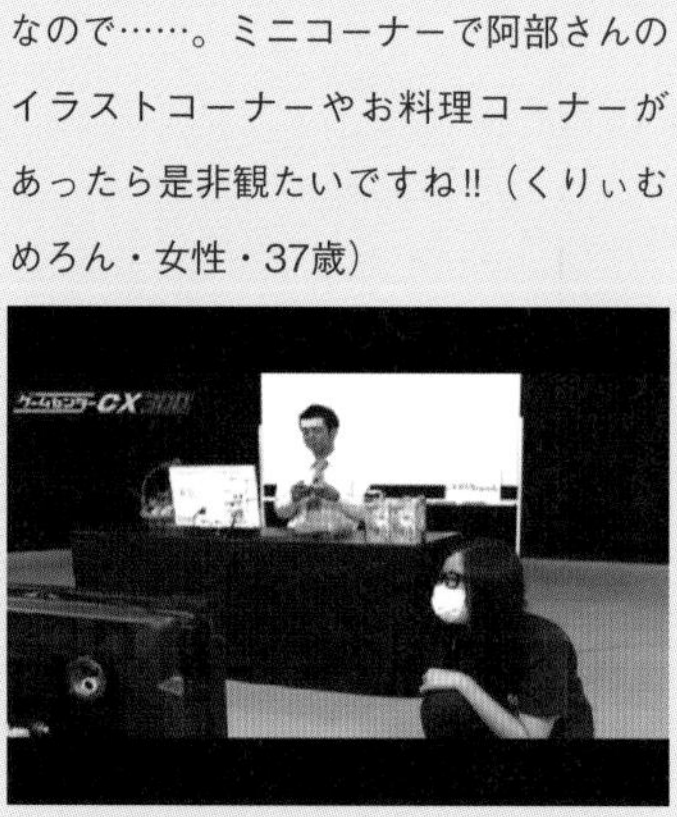

QUESTION. 02

このたび放送300回を迎えた『ゲームセンターCX』番組スタッフのみなさんにメッセージをお願いします！

VOICE

300回おめでとうございます！　400回、500回を目指してください。番組が続く限り、これからも応援し続けます（グロラン・男性・34歳）／おめでとうございます。これだけ長いあいだ続けると失速しそうなものですが、『パネポン』や『ナッツ＆ミルク』まだまだこれがあったかと感心させられます。これからも頑張ってください（ゆびねこ・男性・46歳）／いつも楽しい番組を本当にありがとうございます。最新作も再放送も満遍なく楽しめる番組はほかにないと思います！　これからもずっと応援していきます（うっちゃん・女性・33歳）／良い意味で変わらない番組制作ありがとうございます。何かにつまづいたり、悲しいときなどに帰る実家のような存在です（PO・男性・34歳）／課長は生涯課長でお願いしたいです！　楽しい番組をいつもありがとうございます（ローリングひろしん・男性・41歳）／これからも課長とスタッフ様の二人三脚で頑張ってください！　1000回いったらデッカいイベントも是非お願いします！（じゃっきー・男性・15歳）／『ゲームセンターCX』300回放送おめでとうございます！　第1回からずっと観てきた番組なのでずっと『ゲームセンターCX』を応援していきたいと思っています（HIDE・男性・35歳）／入れ替わりの激しいテレビ業界で300回ものあいだ、同じクオリティで番組を作り続けることにスタッフみなさんの愛を感じました。これからも隔週で楽しみにしてます（かんいち・男性・26歳）／アットホームな空気感が大好きです！　これからも楽しみにしています！（梨愛・女性・38歳）／長時間の収録の中から面白いシーンを選ぶのは根気とセンスのいる作業だと思います。編集が大変だと思いますが、これからもこの番組が長く続いてくれるといいなと思っています（やきにくババア・男性・20歳）／スタッフさんあってこその『ゲームセンターCX』です!!　これからも有野課長と魅力的な番組スタッフさんのやりとりに目が離せません♪　ま

たイベントでお会いできますように！（猫飯・女性・35歳）／スタッフさんの努力の結果ですよ！（ししゃも・男性・46歳）／ホントにいつも素晴らしいと思います。ずっと見てられますね！（四季乃 秋・男性・30歳）／放送300回おめでとうございます！　毎回楽しみに観ています！　これからも様々な角度からゲームを追求してほしいです！　応援しています！（Potter・男性・21歳）／AD（AP、D）のみなさんの四苦八苦や有野課長との絡みの愉快さで、厳しい現代社会を生きていけています……これからもロケハンの際はお体に気をつけて……（らみ・女性・31歳）／おめでとうございます！　そして最高の番組をありがとうございます！　これからも観続けます！（ニック課長・男性・32歳）／放送300回おめでとうございます！中学生の頃から観ていてやっと働き出して自分のお金で応援することができます。中山さん結婚おめでとうございます！（あべ吉・女性・25歳）／放送300回おめでとうございます！　いつも楽しく観させてもらってます。いつか阿部さんのミニコーナーができることを期待してます！（きなこ・女性・34歳）／あたたかいスタッフのみなさまが作る番組だから、長いあいだ続いているのだと思います。いつもありがとうございます。ずっとついていきます！（かよぺ・女性・39歳）／15年、300回とメモリアルな感じが続いていますが変わらず面白い番組を観せていただいて感謝しております！　身体に気をつけて末長く番組を続けてください（悪党・男性・46歳）／300回続けてくれたことにまず感謝します。これからも無理なく番組を続けてください。応援しています！（ルーキー・男性・41歳）／お世辞抜きでテレビ番組史上一番飽きない番組。イベントなど含めて死ぬまで関わりたいし、観続けていたい。これからも最高の企画をよろしくお願い致します。スタッフさんホントに大好き（土井慎也・男性・38歳）／『「」』時代からずーーっと観ています。楽しい番組をこれからも末永く続けてく

してユルーく続けてくださいw（いかみりん・男性・42歳）／60才1000回まで応援します!! Switchがレトロゲームになるその日まで頑張ってください!!（takako・女性・46歳）／いつもの調子で奇跡をおこしてください。いつまでも頑張ってください（ユウコ・女性・52歳）／有野課長！ 47年間生きてきて、初めて好きになったお笑い芸人さんです。ADさんたちと絡む姿が大好きです。これからも、何かしらやってくれちゃう課長でいてください（笑）（飛影・女性・47歳）／有野さんより、有野課長というキャラクターが好きです（笑）（ねのはた・男性・32歳）／ファン歴15年、実は同い年です。最近体のあちこちがポンコツになって参りました。我々を喜ばせるために無理し続ける有野さんをずっと見ていたいところですがお身体が

第一。ちょこちょこと休んで、末長く頑張ってくださいね（上条ロー・男性・47歳）／独身のころから観はじめ、一ッ橋の奇跡を現場で目撃した私も、15周年の幕張生挑戦は息子と観に行きました。大好きな番組をこれだけ長く続けてくれて、本当にありがとうございます。これからも、家族で応援しています！ 400回までいけそう缶！（高畑勇介・男性・41歳）／いつもハラハラのプレイを楽しませていただいております。課長のプレイ姿を見て小さいころの自分を見ているようで懐かしさが込み上げてきます。今後も楽しみに拝見させていただきます。頑張ってね！ 課長!!（アユト・男性・46歳）／有野課長の諦めない力にパワーをもらっています。生放送でスタッフのみんなにわいわい言われながら奮闘する課長、よかったです！ これか

らも楽しみながら応援させてもらいます（つぅ・女性・41歳）／まだまだ、たくさん難関ゲームがありますから頑張ってください（明日叶・男性・39歳）／300回おめでとうございます。300回で成長したところもしていないところも好きです（ましろ・男性・19歳）／ゲーム挑戦大変だと思いますが、20年、30年……と続くように頑張ってください！（がき・男性・21歳）／これからも奇跡的なプレイとがっかりプレイを魅せて自分たちを楽しませてください（コン・男性・36歳）／300回放送おめでとうございます。20周年はさいたまスーパーアリーナのメインイベントで、ポピンスキーを倒してください！ 応援しています！（グレート・キラ・男性・28歳）／生涯課長！ 課長のゲームする姿で日々の疲れを癒させていただいております。身体と目に気をつけてこれからも課長のスーパープレイ見せてくださいね☆（土鍋・女性・35歳）／どんなテレビ番組を観ても、結局は有野課長が一番好きだなあって思わされます。300回も頑張ってくださり、本当にありがとうございます！ どうか1000回まで頑張ってください！（きゃりきゃり・女性・39歳）／我慢強くプレイされる姿に、頑張れと思わずにはいられません！ 挑戦成功の喜びは視聴者の喜びでもあります。これからも頑張ってください！（トリコーノ・男性・36歳）／先日の５時間生放送楽しかったです。次は倍の10時間の検討をよろしくお願いします！（しゅーご・男性・30歳）／300回おめでとうございます！ 有野さんが果敢にゲームをプレイするのを楽しく見ています！ 有野さんの諦めない姿は僕の励みにもなっています！ これからも頑張ってください！（ゆうき・男性・17歳）／課長の程よいゲームの下手さに癒されています。これからもエンディング目指して頑張ってください！（永遠に９代目推し・女性・25歳）／初期の頃から観ています。あの頃30代始めだった課長ももう40代後半……。きっと50代になっても「課長オーン」と言い続けてると信じてます。毎回子どもの頃に戻った気持ちで楽しんでます。どうかこれからもミラクルを起こし続ける、CSのプリンスでいてください！（honeybit・女性・43歳）

Question. 03

最後に、有野課長にメッセージをお願いします！

VOICE

据え置き課長クオリティにいつも笑わされています。お体に気をつけてこれからもゲームしていってください!!! 生放送もお疲れ様でした（のどん・女性・18歳）／年齢によるゲームの腕の劣化はあるかもしれませんが、持ってる課長の奇跡は不変です。これからも私たち同世代のスーパースターであり続けてください。ずっと応援してます（たあぼ・男性・45歳）／有野さんの良さが全面に出ている番組は、あとにも先にも『ゲームセンターCX』しかない！ 体力が続く限り課長ON！ し続けてください!!（極上のヒレ肉・女性・34歳）／何年経っても凡プレイ珍プレイ好プレイを見せてください！（F.God・男性・29歳）／有野さんがちょっと難しいゲームを楽しそうに、興味深く、地味にプレイしているのが好きです（佐藤・女性・40歳）／課長がゲームクリアする度にテレビの前でガッツポーズしてしまいます。もっともっとガッツポーズさせてくださいね！（こだま・女性・43歳）／放送300回、おめでとうございます。家族全員で有野課長のことを応援しています。ゲームを通じて継続する素晴らしさ、努力することを大切さを、子どもたちに教えてくれてありがとうございます。いつまでも、たくさんの子どもたちのヒーローであり続けてください（ちぎらん・男性・49歳）／課長は有野さん以外務まりませんっ!! たくさんの勇気と感動と笑いをありがとうございます！ 生涯応援し続けますっ!!!（Rico・女性・31歳）／本当に継続は力なりですね、ゲーム実況の祖！ これからも全国のちびっ子と中年・主婦を楽しませてください。お身体ご自愛ください（ヌンチャククッキー・女性・45歳）／この先も、末長く課長のガッカリプレイを楽しみにしています（ひろまき・男性・48歳）／いつも楽しく観させてもらってます！ 課長の忍耐力、勉強になります！ これからのご活躍楽しみにしてます！（ささくれ・女性・29歳）／ゲーム実況というジャンルは有野さんが作ったと思っています。

体に気をつけつつ、これからも『ゲームセンターCX』を続けてください。応援してます（ユーゴ・男性・35歳）／これからもいろいろなゲームを頑張ってクリアしてください！（sonozi1027・男性・17歳）／年々、ゲームの腕前が上がり、さくさくクリアするソフトが増えたよな〜と思いますが、絶対面白いポイントや熱中するポイントを作ってくれる課長は、日本一のゲームプレイヤーだと思います！ これからも、レトロゲームを始め、一生ゲームをやり続けてください！（チェリーヒル・男性・25歳）／これからもエンディング目指して頑張ってください！ 毎回楽しみに観てます！（ワラリ・男性・19歳）／「課長」という言葉を「KACHO」に仕立てたのは間違いなく有野課長です！ もはや世界一有名な課長！ いつか部長になられるのをちょっとだけ期待しつつ これからも応援させていただきます！（きたぴぴ・男性・43歳）／いつも奇跡を起こしてくれた有野さん、『マイティボンジャック』の奇跡のラストコンティニュークリア、『パイロットウィングス』のヘリ編、そして『レミングス』24時間のギリギリのクリア！ また奇跡を起こしてください！（ひろくん・男性・40歳）／難関レトロゲームを何時間もプレイしているにも関わらず、最後まで有野課長らしく楽しそうに、時には辛くとも諦めずプレイする姿は素晴らしいです。これからもお体にお気をつけてゲームしてください。応援しています（籠乃・女性・36歳）／有野課長！ 放送300回おめでとうございます！ 老眼と戦いながらの挑戦は苦労されると思いますが、これからも面白い放送を期待してます！（ナオマン・男性・18歳）／放送300回おめでとうございます！ 次の有野の生挑戦の際には参加したいです！（くろる・女性・31歳）／地上波ではなかなか見なくなりましたが、ＣＳでの有野さんをいつも楽しく見させてもらってます。記憶力薄めなところを「シー!!」ってなりながら見てます（笑）（じゅんぺい・男性・44歳）／ＣＳいちの長寿番組目指

GCCX
PLAYFULs
GASCOIN COMPANY 10th

https://www.gcc10.com
Twitter:@GCCX_PLAYFULs
Instagram:@gccx_playfuls

INFORMATION #01

GCCX PLAYFULs

『ゲームセンターCX』でおなじみのガスコイン・カンパニーは、2018年10月で設立10周年を迎えた。「Gas Coin Company 10（X）th」の頭文字と遊び心（PLAYFULs）を忘れずに……という意味を込めてアパレルブランド「GCCX PLAYFULs」を2018年春に立ち上げ、ここまで1stシーズン、2ndシーズン、3rdシーズンと3シーズンに渡ってリリースを続けている。

※サイズは各アイテムS、M、L、XLの4サイズ展開。価格は税込。

Mobius T
2ndシーズンのコンセプトアートのMobius RemoCONが大きくデザインされている。 ¥4,400

2ndシーズン 商品情報

GAMEOVERGAMERS-Tee-WHITE
壊れた画面のノイズをイメージしたグリッチアートがテーマになった3rdシーズンのメインTシャツ。 ¥3,850

3rdシーズン 商品情報

Mobius parka
分厚すぎずオールシーズン対応のパーカー。秋からすぐに使用可能。 ¥6,930

Mobius shirt
胸には刺繍、裾の部分にはさりげなくテーマをデザインしたオンオフ両用のシャツ。 ¥7,150

GAMEOVERGAMERS-Open-Collared Shirt
初登場アイテムのオープンカラーシャツ。胸にはロゴのワッペンが。 ¥6,050

GAMEOVERGAMERS-Tee-BLACK
3rdシーズンのテーマ「ガメオベラガメラズ」の文字が胸にデザインされたシンプルなデザイン。 ¥3,850

GAS-KAN stadium-jumper
ブランドアイコンのガス缶ワッペンが背中に映える、着心地の軽さと高い防寒性を両立させた一品。 ¥15,180

GAMEOVERGAMERS-Sticker
3rdシーズンのブランドロゴとガメオベラガメラズの文字が2枚セットに。 ¥660

GAMEOVERGAMERS-Pouch
こちらも初登場アイテムのポーチ。ちょっとした小物入れに最適。 ¥1,980

「ゲームセンターCX オフィシャルファンクラブ」入会受付中!!

#02

『ゲームセンターCX』のオフィシャルファンクラブが始動!! ファンクラブ限定動画が週2回配信、秘蔵写真や誕生祝動画メールなど特典盛りだくさん!!「AD-1 GRAND PRIX」決勝戦の模様も、こちらで配信予定です!!

【入会方法】

PC、スマホ、タブレットなどインターネットに接続可能なデバイスでオフィシャルファンクラブ公式サイト（https://gccxfc.com）へアクセス。「会員になる」から説明書きを確認のうえ入会手続きをしてください。会費は月額500円（税別）。クレジットカード支払いとキャリア決済が選択できます。

※ファンクラブ内で公開された動画と写真は原則としてアーカイブされます。一部を除き削除せず公開され続けますので、会員はいつでも視聴することができます。

「ゲームセンターCX×ほぼ日手帳2021 weeks」予約受付中!!

#03

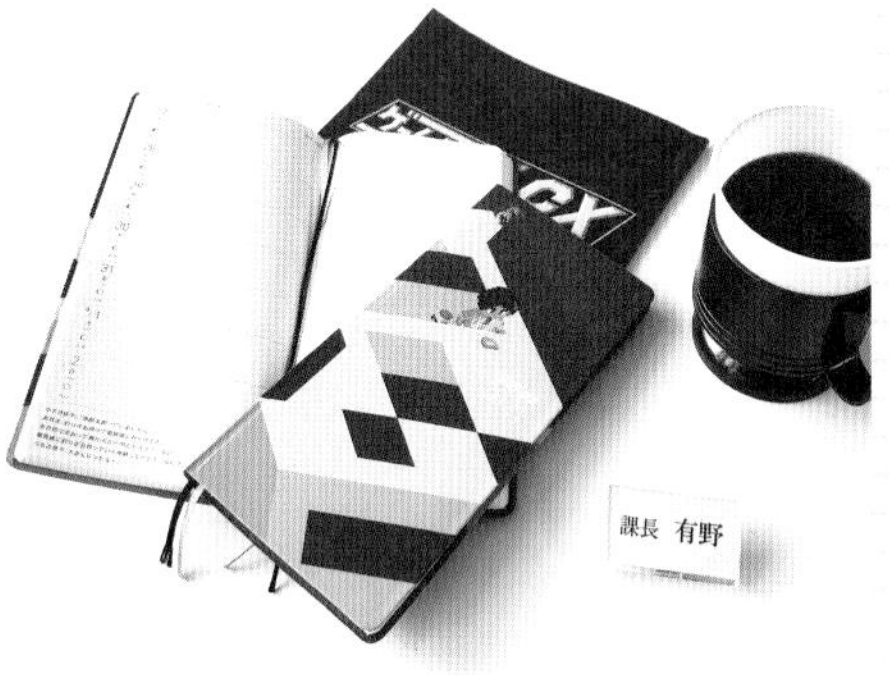

『ゲームセンターCX』と「ほぼ日手帳」が再びコラボ!! 2021年版最大の特徴は、昨年比4倍となる巻末オリジナルコンテンツ!! 有野課長が『MOTHER2』に挑戦した際、ほぼ日手帳に書き込んでいた直筆プレイメモ「有野課長のMOTHER2～ギーグの逆襲～宿題プレイメモ」を収録!!

ゲームセンターCX × ほぼ日手帳2021 weeks
発売：全国のHMVおよびHMV&BOOKS、HMV&BOOKS online（https://www.hmv.co.jp/news/article/2006291036/）、Loppiにて予約受付中
価格：2,500円（税抜）／ 発売日：2020年9月24日
サイズ：横94mm×縦188mm×厚さ10mm（実際の製品は、寸法に若干の個体差があります）／ 封入特典：有野課長名刺 ほぼ日手帳2021Ver.

番組DVD-BOX、第17弾が12月18日発売決定!!

#04

みなさまに愛されてセブンティーン!!
毎年恒例『ゲームセンターCX』のDVD-BOX、今年は12月18日に発売です!!

ゲームセンターCX DVD-BOX17
発売日：2020年12月18日
価格：7,800円（税抜）
発売元：スタイルジャム
販売元：ハピネット

CONTINUE SPECIAL

CLOSING TEXT

愛されて300回

文＝菅 剛史

「いつも『ゲームセンターＣＸ』見てます！」

思いがけない人から突然のタイミングで告白されることがある。

それは『vs嵐』の収録のときだった。〈ワンピース歌舞伎チーム〉の**坂東巳之助**さんから声をかけられたのだ。驚いて「ありがとうございます！」と返すしかなかった。なんともありがたい。

伝統芸能とゲーム番組、意外性のある組み合わせ。いつの日か〈ＧＣＣＸ歌舞伎〉とかやったりするのでしょうか？

巳之助さん、まだ見てくださってるかなぁ

「嘘だろ？」

耳を疑うようなカップルが誕生した。元ＡＤ浦川があろうことか女優の**遊井亮子**さんと結婚したのだ。

『アウト×デラックス』に出演したときに知り合い、ＧＣＣＸのファンだった遊井さんからのアプローチと聞き二度ビックリ！　まさか博多から出てきたちょいダサの若者がそんな大金星を挙げるとは。17年番組が続くとこんな出会いがあるのか……。

テレビでラブラブ具合を見るたびに笑ってしまいます。

末長くお幸せに

「どうも、こんにちは！」

収録現場に顔を出してくれたのはあの**糸井重里**さん。コピーライターの先駆者でありゲーム『ＭＯＴＨＥＲ』の生みの親。多彩な経歴を持つトップクリエイターだ。

課長との対談……おそらくＧＣＣＸをそんなにご存知なかったはずだが番組の骨子を理解されて抜群の「聞く力」と「雑談力」で盛り上げてくださった。

制作会社の会議室にヒョイと顔を出すフットワーク、大御所感を感じさせない姿勢は勉強になりました。

任天堂の元社長・**岩田聡**さんとの縁も感じる。

番組コラボのほぼ日手帳を出せたこともうれしいし、何より岐部と広報・石井の興奮が忘れられない

「嵐に会えたようりうれしい……」

『vs嵐』に声優の**神谷浩史**さんが出演。滅多にバラエティ番組に出ない方なので話題になった。そして後日談がいかにも神谷さんらしいのだ。ラジオで語ったところによると、

「嵐5人はあのまんまのスターだった」

「でも僕はそれより『ゲームセンターＣＸ』の菅Ｐに会えたことのほうがうれしい！」

おそらくバラエティに出たことへの照れ隠し、神谷流のツンデレだと思うが（笑）、そこまで言ってくださるのは光栄なこと。娘も知っている声優さんだったので自慢しました。

中村悠一さんもそうだがこの番組は声優さんからの支持も高いのだ

「カチョーハラショー！」

２０１９年5月久しぶりの海外ロケはロシアへ。石田Ｐがずっと行きたがっていた念願の地。

最終日モスクワのレトロゲーム博物館には１００人ものロシア人ファンが集結してくれた。すごいでしょ。

特に海外展開などしていないのに高い認知度……。

改めてこのコンテンツはボーダレスだと知らされる。

課長を見つめるファンの眼差しがみんなキラキラ輝いていた。モスクワの赤の広場の青空が忘れられない。

海外ロケいつになったら行けるのか？

「こんなに盛り上がった演奏会は初めてです！」

オペラシティで行われた初の試みGCCXシンフォニー。

終わったばかりの指揮者・**松元宏康**さんは興奮を抑えられない様子だった。確かにそうかもしれない。観客が声を出して応援する演奏会などいままでなかったハズ。課長の生プレイにオーケストラの音を合わせるのは大変だったと思うが、見事にエンタメに仕上げてくれた。JAGMOとともにとても感謝している。

音効・斉藤と一緒に聴いた「ラストコンティニュー」。

聖地オペラシティで流れると素人曲もそれなりに厳かに聴こえた
この番組は多くの、そして様々な方々に愛されている。

何か新しいプロジェクトを始めるときは必ずそこに熱を持って協力してくれる信者がいるのだ。

「実は大ファンなんです！」

仕事を超えた愛情を注いでもらい成功に導いていただく。

なぜか？

謎を解く鍵はこの《実は》にあるのではないか？

『ゲームセンターCX』がメジャーではないことが理由なのかもしれない。

「私だけが知っているこのマイナー番組を私が推さなくてどうする！」

そういう決意みたいなものを皆さんに背負わせている。

なんだか申し訳ない気もするが（笑）、どうしようもない。

よゐこの芸能界での位置どりとか、有野さんの醸し出す絶妙な地味さも関係してるのでしょう（コレ絶対怒られるな……）。

となれば、これからもこの路線で進むしかない。昭和のプロ野球だと「阪急」っぽい感じ……あっ、でも最後は身売りの運命だ……ウ～ン。

新型コロナウイルス感染症の影響はどこまで広がるのかまったく見えない状況。花やしきイベントも中止になり東京ゲームショウもなくなった。年末の秋葉原も正直厳しいだろう。ファンのみなさんからは残念がる声も多い。

「イベントロス」

でもこれはファンの方だけの声ではない。我々スタッフも痛切にロスを感じているのだ。レジを挟んで会話をしたり写真やサインをする中でみんなからパワーをいただいていた（意外と顔とか覚えてるからね！）

20周年を見据えてあれこれと企てていたのだが、ちょっと軌道修正を迫られている。なかなか思い通りにはいかない。

でも大丈夫。

有野課長は笑っています。なんとかなるでしょう……。

ゲームセンターCX

第24シーズン　CSフジテレビONEにて隔週木曜24:00～25:00放送中！
http://otn.fujitv.co.jp/gamecenter/

出演：有野晋哉
企画：酒井健作
構成：岐部昌幸
ブレーン：松井信樹
カメラ：阿部浩一
ＶＥ：府川由教
ＣＡ：中野大輔
編集：伊藤和幸
ＭＡ：谷澤宗明
ＣＧ：吉野広教
ＣＧデザイナー：目黒久美子、蜂屋雅幸
音効：斎藤信之
マネジャー：野田大輔、山下萌香
ＨＰ：宮崎智子
モバイル：平川優樹
広報：石井貴良、小川友希
デスク：田辺純江
ＡＰ：越智草平
ＡＤ：赤岩彩花、小林恭介、猪谷素直、金子山芽、手塚美帆
ディレクター：片山雄貴、高橋純平、大須賀良、鈴木良尚、松井 現
演出：藤本達也
プロデューサー：門澤清太、菅 剛史、石田 希
制作：フジテレビ、ガスコイン・カンパニー

※オンエア情報は2020年7月末現在のものです。

CONTINUE SPECIAL ゲームセンターCX2020

企画・編集：林 和弘（CONTINUE編集長）
編集補助：井上佳子
デザイン：大橋一毅［DK］（COVER、P001-032、057-075、082-087）、
山田益弘（P033-056、076-081、088）

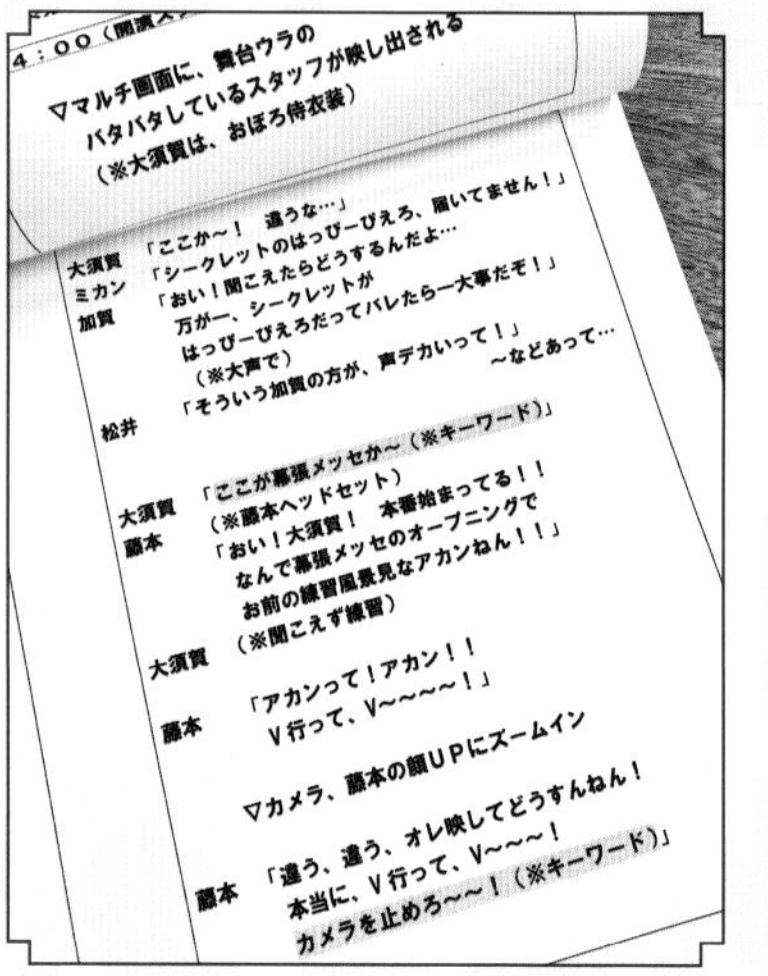

おまけ
これが幻の幕張メッセ
「茶番」の台本だ!!